定期テスト **ズバリ**よくでる **数学 2年** **東京書籍**

JN100900

もくじ

取り外してお使いください 赤シート＋直前チェックBOOK,別冊解答

※全国の定期テストの標準的な出題範囲を示しています。学校の学習進度とあわない場合は、「あなたの学校の出題範囲」欄に出題範囲を書きこんでお使いください。

Step 1 基本チェック ・ 1節 式の計算

⏱ 15分

教科書のたしかめ 〔 〕に入るものを答えよう！

❶ 多項式の計算 ▶ 教 p.12-16　Step 2 ❶-❻

解答欄

☐ (1) $7x^2-5x+1$ の項は $[\ 7x^2,\ -5x,\ 1\ ]$

(1)

☐ (2) $-6x+y-3$ の項は $[\ -6x,\ y,\ -3\ ]$

(2)

☐ (3) x の次数は $[\ 1\ ]$，$5a^2b$ の次数は $[\ 3\ ]$，x^2y^2 の次数は $[\ 4\ ]$

(3) ／ ／

☐ (4) $-2a+b$ は $[\ 1\ ]$ 次式，$2x^3+9x^2-x$ は $[\ 3\ ]$ 次式

(4) ／

☐ (5) $x+4y-6x-3y=x-6x+4y-3y=[\ -5x+y\ ]$

(5)

☐ (6) $5x^2-8x-9x^2+6x=5x^2-9x^2-8x+6x=[\ -4x^2-2x\ ]$

(6)

☐ (7) $(x+2y)+(x-5y)=x+2y+x-5y=[\ 2x-3y\ ]$

(7)

☐ (8) $(3a+5b)-(a-4b)=3a+5b-a+4b=[\ 2a+9b\ ]$

(8)

☐ (9) $-2(3x+7y)=[\ -6x-14y\ ]$

(9)

☐ (10) $(16x-28y)\div4=(16x-28y)\times\left[\ \dfrac{1}{4}\ \right]=[\ 4x-7y\ ]$

(10) ／

❷ 単項式の乗法と除法 ▶ 教 p.17-19　Step 2 ❼-❿

☐ (11) $2x\times5y$ の計算では，係数の積に文字の積をかければよい。

$2\times5\times[\ x\times y\ ]=[\ 10xy\ ]$

(11) ／

☐ (12) $3a\times(-5b)=[\ -15ab\ ]$　　$(-2x)^3=[\ -8x^3\ ]$

(12) ／

☐ (13) $8a\times3ab^2\div(-6ab)=-\dfrac{8a\times3ab^2}{[\ 6ab\ ]}=[\ -4ab\ ]$

(13) ／

☐ (14) $x=-2$，$y=3$ のとき，$3(x+y)-(x-y)$ の値は

$3(x+y)-(x-y)=2x+4y=2\times([\ -2\ ])+4\times[\ 3\ ]=[\ 8\ ]$

(14) ／ ／

教科書のまとめ ＿＿ に入るものを答えよう！

☐ 単項式 …$3x$，$-5a^2$ などのように，数や文字についての乗法だけでつくられた式。1つの文字や1つの数もこれと同じに考える。

☐ 多項式 …$4x+7$，$8a^2-2a+1$ などのように，単項式の和の形で表された式。そのひとつひとつの単項式を，多項式の 項 という。

☐ 単項式でかけられている文字の個数を，その式の 次数 という。

☐ 多項式では，各項の次数のうちでもっとも大きいものを，その多項式の 次数 という。

☐ 次数が1の式を 1次式，次数が2の式を 2次式 という。

☐ $2x+8y-6x+9y$ で，$2x$ と $-6x$，$8y$ と $9y$ のように，文字の部分が同じである項を 同類項 という。

☐ 同類項は， 分配法則 を使って1つの項にまとめることができる。

Step 2　予想問題　**1節 式の計算**

1ページ
30分

【多項式の計算①】

❶ 次の式は単項式ですか，それとも多項式ですか。また，それぞれの式の次数を答えなさい。

□(1)　$7a^2$

□(2)　$-s^3t^2+8s^2t-9$

（式　　　　　次数　　　　）　　　　（式　　　　　次数　　　　）

□(3)　$-\dfrac{1}{5}x^2y^2$

□(4)　$\dfrac{1}{2}x^2-5+4x^2+x$

（式　　　　　次数　　　　）　　　　（式　　　　　次数　　　　）

【多項式の計算②】

❷ 次の計算をしなさい。

□(1)　$5x^2+2x-7x^2-3x$

□(2)　$8a+5b-3a+4b$

□(3)　$\dfrac{2}{3}x-\dfrac{2}{5}x^2+\dfrac{1}{3}x^2-\dfrac{1}{5}x$

□(4)　$2x+\dfrac{2}{3}y-4x-\dfrac{3}{4}y$

【多項式の計算③】

❸ 次の計算をしなさい。

□(1)　$(a-2b)+(3a-b)$

□(2)　$(-2x+x^2)-(x-3x^2)$

□(3)　$(5ab-a)+(3a-2ab)$

□(4)　
$$
\begin{array}{r}
2a-3b-1 \\
-)\ \ 3a+\ b+2 \\
\hline
\end{array}
$$

【多項式の計算④】

❹ 次の2つの式について，下の問に答えなさい。

$2x+4y,\quad -x-3y$

□(1)　2つの式の和を求めなさい。

□(2)　左の式から右の式をひいた差を求めなさい。

ヒント

❶
多項式では，各項の次数のうちでもっとも大きいものを，その多項式の次数という。

❷
同類項どうしで加法・減法を行う。

✕｜ミスに注意
x と x^2 は次数が異なるので，1つの項にまとめることはできないよ。

❸
多項式の減法は，ひくほうの多項式の各項の符号を変えて加える。

(4)
$$
\begin{array}{r}
2a-3b-1 \\
-)\ \ 3a+\ b+2 \\
\end{array}
$$
↓
$$
\begin{array}{r}
2a-3b-1 \\
+)-3a-\ b-2 \\
\end{array}
$$

❹
まず，2つの式にかっこをつけて加法と減法の式をつくる。

【多項式の計算⑤】

❺ 次の計算をしなさい。

□(1)　$-5(3a-8b)$

□(2)　$8\left(\dfrac{a}{2}-\dfrac{b}{4}\right)$

□(3)　$(-12x^2-6x+3)\times\left(-\dfrac{1}{3}\right)$

□(4)　$(12x^2-4x+28)\div(-4)$

【多項式の計算⑥】

❻ 次の計算をしなさい。

□(1)　$3(4x-5y)+2(6y-x)$

□(2)　$4(2a-3b)-2(3a-b)$

□(3)　$\dfrac{4y-7x}{3}-\dfrac{-5x+3y}{5}$

□(4)　$2a-b-\dfrac{-a+2b}{3}$

【単項式の乗法と除法①】

❼ 次の計算をしなさい。

□(1)　$7x\times(-4y)$

□(2)　$(-5a)^2$

□(3)　$(-ab)\times 3ab^2$

□(4)　$(-2y)^3\times 6z$

□(5)　$15xy\div 3y$

□(6)　$12x^2y^2\div(-6xy^2)$

□(7)　$(-6a^2b)\div\dfrac{2}{3}a$

□(8)　$\dfrac{6}{5}ab^2\div\dfrac{3}{5}a^2b$

□(9)　$a^2b\div ab\times(-3ab^2)$

□(10)　$(-n^2)\times(-n)\div n^2$

ヒント

❺

多項式と数の乗法は，分配法則を使って計算する。

(1)$-5(3a-8b)$

(4)多項式と数の除法は，乗法になおして計算する。

　−4 の逆数をかける。

❻

(1)(2)かっこをはずしてから，同類項をまとめる。

(3)(4)通分してから計算する。

❼

単項式どうしの乗法は，係数の積に文字の積をかける。

除法は，分数の形にしたり，わる式の逆数をかける形にしたりして計算する。

(7)

✗ ミスに注意

$\dfrac{2}{3}a=\dfrac{2a}{3}$ であるから，

$\dfrac{2}{3}a$ の逆数は，$\dfrac{3}{2a}$ であることに注意しよう。

(9)(10)わる式を分母に，その他の式を分子において，分数の形にする。

　　　　　　　　　　　　　　　　　　　　　　[解答 ▶ p.1]

【単項式の乗法と除法②】

❽　次の問に答えなさい。

□(1)　横が $\dfrac{a}{4}$ cm で，面積が $6ab$ cm^2 の長方形の縦の長さを求めなさい。

（　　　　　）

□(2)　底辺が $\dfrac{1}{3}xy$ cm で，面積が $\dfrac{2}{3}x^2y$ cm^2 の三角形の高さを求めなさい。

（　　　　　）

□(3)　右の図の直角三角形で，辺 AC を軸として 1 回転させてできる円錐 P と，辺 BC を軸として 1 回転させてできる円錐 Q の体積の比を求めなさい。

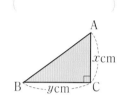

（　　　　　）

【単項式の乗法と除法③】

❾　次の式の値を求めなさい。

□(1)　$a=3$，$b=-2$ のとき，$(a-4b)-3(a-3b)$ の値

（　　　　　）

□(2)　$x=2$，$y=-3$ のとき，$3(2x-4y)-2(x-3y)$ の値

（　　　　　）

□(3)　$x=5$，$y=-2$ のとき，$24x^2y\div(-8x)$ の値

（　　　　　）

【単項式の乗法と除法④】

❿　$a=\dfrac{1}{3}$，$b=-\dfrac{1}{2}$ のとき，次の式の値を求めなさい。

□(1)　$2(-3a+b)+3(a-4b)$

（　　　　　）

□(2)　$-6a^2b\div\dfrac{1}{3}a$

（　　　　　）

💡 ヒント

❽
求めるものを文字を使った式で表す。

(1)（縦の長さ）
　×（横の長さ）
　＝（面積）

(2)$\dfrac{1}{2}\times$（底辺）×（高さ）
　＝（面積）

(3)円錐の体積を V，底面の円の半径を r，高さを h とすると
　$V=\dfrac{1}{3}\pi r^2h$

❾
はじめに式を計算してから，数を代入する。

❿
はじめに式を計算してから，数を代入する。

📗 テスト得ダネ
式の値を求める問題はよく出るよ。負の数を代入するときは，かっこをつけて代入しよう。

Step 1 基本チェック　2節 文字式の利用

15分

教科書のたしかめ　[ ]に入るものを答えよう！

❶ 式による説明　▶ 教 p.22-24　Step 2 ❶-❸

解答欄

□(1) 2つの続いた整数の和は奇数になります。このことを，文字を
使って説明しなさい。
小さいほうの整数を n とすると，2つの続いた整数は n，[$n+1$]
と表される。したがって，それらの和は
$$n+(n+1)=[\,2n+1\,]$$
n が整数のとき，[$2n$]は偶数，[$2n+1$]は奇数を表すから，2
つの続いた整数の和は奇数になる。

(1)

□(2) 5の倍数は，整数 n を使って表すと，[$5n$]と表される。

(2)

□(3) 9の倍数は，整数 n を使って表すと，[$9n$]と表される。

(3)

❷ 等式の変形　▶ 教 p.27-29　Step 2 ❹

□(4) 次の等式を y について解きなさい。
$$3x-y=4 \qquad -y=[\,4-3x\,] \qquad y=[\,3x-4\,]$$

(4)

□(5) 次の等式を b について解きなさい。
$$5ab=10 \qquad ab=[\,2\,] \qquad b=\left[\,\frac{2}{a}\,\right]$$

(5)

□(6) 縦が a cm，横が b cm の長方形の周の長さを ℓ cm とすると，
$\ell=2([\,a+b\,])$ と表される。
これを a について解くと　$a=\left[\,\dfrac{\ell}{2}-b\,\right]$

(6)

教科書のまとめ　＿＿に入るものを答えよう！

□ もっとも小さい整数を n とすると，5つの続いた整数は，
n，$n+1$，$n+2$，$n+3$，$n+4$ と表される。

□ 2けたの自然数の表し方
十の位を x，一の位を y とすると，たとえば，$37=10\times 3 + 7$ であるから，
2けたの自然数は，$10\times x + y$ より，$10x+y$ と表される。

□ n を整数とすると，偶数は，$2\times($ 整数 $)$ の形に表されるから，$2\times n= 2n$，
奇数は，$2n+1$ または $2n-1$ と表される。

□ $2x+y=7$ を変形して，$y=-2x+7$ を導くことを，$2x+y=7$ を y について解く という。

6

Step 2　予想問題　2節 文字式の利用

30分

【式による説明①】

❶ 3つの続いた整数の和は3の倍数になります。
このことを，文字を使って説明しなさい。

ヒント

❶
中央の整数を n とする。
3×(整数)の形になっていれば，3の倍数といえる。

【式による説明②】

❷ 2つの続いた奇数の和は4の倍数になります。
このことを，n を整数，小さいほうの奇数を $2n-1$ として説明しなさい。

❷
大きいほうの奇数は $2n+1$，4の倍数は 4×(整数)と表される。

【式による説明③】

❸ 右の図のように，ある月のカレンダーの囲まれた数の和の性質について考えます。

日	月	火	水	木	金	土
		1	2	3	4	5
6	7	8	9	10	11	12
13	14	15	16	17	18	19
20	21	22	23	24	25	26
27	28	29	30	31		

(1)
```
   2
 8
14
```
の数の和，
```
      12
   18
 24
```
の数の和をそれぞれ求めなさい。また，囲まれた数の和は，真ん中の数の何倍になるか予想しなさい。

和(　　　　，　　　　)　何倍(　　　　　　)

(2) 真ん中の数を x として，どこをとっても(1)の予想が成り立つことを説明しなさい。

❸
(2)囲まれた数は，
$x-6$，x，$x+6$ と表される。

テスト得ダネ
数の性質の説明はよく出るよ。連続する整数，偶数，奇数，倍数などの表し方を確認しておこう。

【等式の変形】

❹ 次の等式を〔　〕の中の文字について解きなさい。

(1) $4x-5y=16$ 〔x〕　　(2) $a=3b-5$ 〔b〕

(3) $V=\dfrac{1}{3}\pi r^2 h$ 〔h〕　　(4) $a=\dfrac{2b+c}{2}$ 〔b〕

(5) $ax+by=5$ 〔y〕　　(6) $4(a+b+c)=M$ 〔a〕

❹
方程式を解くように，式を変形する。

Step 3 予想テスト ： 1章 式の計算

30分　／100点　目標 80点

❶ 次の式の項を答えなさい。また，式の次数を答えなさい。[知]　　12点(各2点)

☐(1)　$5x - 6y$

☐(2)　$-3a^2 + 7a - 4$

☐(3)　$\dfrac{1}{2}m^2n - \dfrac{2}{3}mn + 9n$

❷ 次の計算をしなさい。[知]　　24点(各3点)

☐(1)　$8x - 5y + 2x + 6y$

☐(2)　$(7a + 5b) + (3a - 2b)$

☐(3)　$\begin{array}{r} 3x - 5y + 4 \\ -)\ \ 9x + 2y - 7 \\ \hline \end{array}$

☐(4)　$(2m^2 - 4m - 7) - (2 + 5m^2 - 6m)$

☐(5)　$(a + 5b) \times (-3)$

☐(6)　$(-12xy - 32y) \div 4$

☐(7)　$3(x^2 + 2x) - 2(3x - 5)$

☐(8)　$\dfrac{5x + y}{6} - \dfrac{4x - 7y}{3}$

❸ 次の計算をしなさい。[知]　　18点(各3点)

☐(1)　$2a \times (-4a)$

☐(2)　$(-x)^2 \times (-5y)$

☐(3)　$6xy \div (-18y)$

☐(4)　$12x^2y \div \left(-\dfrac{x}{4}\right)$

☐(5)　$2x^2 \div 6x \times (-9y)$

☐(6)　$3a^2b \times (-4b)^2 \div (-12ab)$

❹ 次の問に答えなさい。[知]　　15点(各3点)

(1)　$x = -2$, $y = 3$ のとき，次の式の値を求めなさい。

☐①　$3(x - 2) - 2(y - x)$　　☐②　$4(x - 3y) - 5(x + 2y)$　　☐③　$(-x)^2 \times 4y^2 \div (-3xy)$

(2)　$A = 3x - 2y$, $B = -5x + y$ として，次の式を計算しなさい。

☐①　$A - B$

☐②　$2A - 3B$

❺ 右の表は，自然数を横に5つずつ並べたものです。右のように，縦，横
  2つずつの数を線で囲みました。このわくをどこにとっても，囲まれた
  数の和は4の倍数になります。このことを，文字を使って説明しなさい。
  【考】 9点

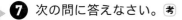

1	2	3	4	5
6	7	8	9	10
11	12	13	14	15
16	17	18	19	20
21	22	・	・	・
・	・	・	・	・

❻ 次の等式を〔 〕の中の文字について解きなさい。【知】
  6点(各3点)

□(1) $3x+2y=8$ 〔y〕

□(2) $S=\dfrac{1}{2}(a+b)h$ 〔a〕

❼ 次の問に答えなさい。【考】
  16点(各8点)

□(1) 右の図のような，底面の1辺が a cm，高さが h cm
     の正四角柱Pと，底面の1辺がPの2倍で，高さ
     が半分の正四角柱Qがあります。正四角柱Pと正
     四角柱Qの体積の比を求めなさい。

□(2) 半径が r cm，中心角が $x°$ のおうぎ形の面積を
     S cm² とするとき，x を r と S を使った式で表しな
     さい。

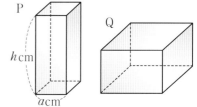

P
Q
h cm
a cm

❶	(1)	項		次数		(2)	項		次数	
	(3)	項			次数					
❷	(1)		(2)			(3)		(4)		
	(5)		(6)			(7)		(8)		
❸	(1)			(2)			(3)			
	(4)			(5)			(6)			
❹	(1)	①		②			③			
	(2)	①		②						
❺										
❻	(1)			(2)						
❼	(1)			(2)						

Step 1 基本チェック ｜ 1節 連立方程式とその解き方

15分

教科書のたしかめ [ ]に入るものを答えよう！

❶ 連立方程式とその解 ▶ 教 p.38-39 Step 2 ❶

解答欄

□(1) 次の⑦〜⑨のなかで，2元1次方程式 $2x-y=10$ の解は，
[⑦, ⑨]である。

⑦ $x=5$, $y=1$　　　　⑦ $x=3$, $y=-4$

⑨ $x=6$, $y=2$　　　　⑨ $x=-2$, $y=-4$

(1)

❷ 連立方程式の解き方 ▶ 教 p.40-45 Step 2 ❷-❹

□(2) $\begin{cases} 3x+2y=6 & \cdots① \\ x-2y=10 & \cdots② \end{cases}$ ➡

$\begin{array}{r} 3x+2y=6 \\ +)\ \ x-2y=10 \\ \hline [\ 4x\ ]\quad =16 \\ x=[\ 4\ ] \end{array}$

$x=4$ を①に代入
して
$y=[\ -3\ ]$

(2)

□(3) $\begin{cases} y=x+7 & \cdots① \\ 3x+2y=4 & \cdots② \end{cases}$ ➡ ①を②に代入すると

$3x+2([\ x+7\ ])=4$

これより　$x=[\ -2\ ]$, $y=[\ 5\ ]$

(3)

❸ いろいろな連立方程式 ▶ 教 p.46-47 Step 2 ❺❻

□(4) $\begin{cases} \dfrac{1}{3}x+\dfrac{1}{4}y=1 & \cdots① \\ 4x+5y=4 & \cdots② \end{cases}$ ➡ ①の両辺に[12]をかける。

$\begin{cases} [\ 4x+3y\ ]=[\ 12\ ] & \cdots①' \\ 4x+5y=4 & \cdots② \end{cases}$

(4)

□(5) 連立方程式 $5x+y=-3x+5y=7$ の解き方

$\begin{cases} 5x+y=7 \\ [\ -3x+5y\ ]=7 \end{cases}$　これを解くと　$x=[\ 1\ ]$, $y=[\ 2\ ]$

(5)

教科書のまとめ ＿＿＿に入るものを答えよう！

□ $x+y=8$ のように，2つの文字をふくむ1次方程式を <u>2元1次方程式</u> という。

□ 2つ以上の方程式を組み合わせたものを <u>連立方程式</u> といい，組み合わせたどの方程式も成り
立たせる文字の値の組を，連立方程式の <u>解</u> という。

□ 文字 y をふくむ2つの方程式から，y をふくまない1つの方程式をつくることを，y を
<u>消去する</u> という。

□ どちらかの文字の係数の絶対値をそろえ，左辺どうし，右辺どうしを加えたりひいたりして，
その文字を消去して解く方法を <u>加減法</u> という。

□ 一方の式を他方の式に代入することによって文字を消去して解く方法を <u>代入法</u> という。

Step 2　予想問題　**1節 連立方程式とその解き方**

1ページ **30分**

【連立方程式とその解】

❶ 次の x, y の値の組のなかで，連立方程式 $\begin{cases} 7x-2y=29 \\ -2x+y=-10 \end{cases}$ の解はどれですか。㋐〜㋑のなかから1つ選びなさい。

㋐　$x=5$, $y=3$ 　　　　　　㋑　$x=3$, $y=-4$

㋒　$x=-3$, $y=-4$ 　　　　　㋑　$x=13$, $y=16$

（　　　　　）

❶

㋐〜㋑の x と y の値を連立方程式にあてはめて左辺を計算したときに，どちらも右辺と等しくなるものが，連立方程式の解である。

【連立方程式の解き方①】

❷ 次の連立方程式を，加減法で解きなさい。

(1) $\begin{cases} x+4y=9 \\ 2x-4y=-6 \end{cases}$ 　　　　　(2) $\begin{cases} x+y=17 \\ 3x+5y=45 \end{cases}$

(3) $\begin{cases} x-3y=7 \\ 3x+2y=-1 \end{cases}$ 　　　　　(4) $\begin{cases} x+y=4 \\ 3x-y=8 \end{cases}$

(5) $\begin{cases} 2x+3y=3 \\ 4x-y=-8 \end{cases}$ 　　　　　(6) $\begin{cases} 3x+2y=4 \\ 2x-3y=7 \end{cases}$

❷

どちらかの文字の係数の絶対値をそろえ，左辺どうし，右辺どうしを加えたりひいたりして，その文字を消去して解く方法を加減法という。

【連立方程式の解き方②】

❸ 次の連立方程式を，代入法で解きなさい。

(1) $\begin{cases} x=2y+5 \\ x-y=3 \end{cases}$ 　　　　　(2) $\begin{cases} x=5-2y \\ 2x-3y=-4 \end{cases}$

(3) $\begin{cases} y=x+3 \\ 5x-3y=-7 \end{cases}$ 　　　　　(4) $\begin{cases} y=3x \\ x-3y=-24 \end{cases}$

(5) $\begin{cases} 2x+y=5 \\ x-2y=0 \end{cases}$ 　　　　　(6) $\begin{cases} y=3x-1 \\ y=-x+3 \end{cases}$

❸

一方の式を他方の式に代入することによって文字を消去して解く方法を代入法という。

【連立方程式の解き方③】

❹ 次の連立方程式を解きなさい。

□(1) $\begin{cases} 2x+y=5 \\ 2x-y=15 \end{cases}$

□(2) $\begin{cases} x+y=13 \\ 2x+y=5 \end{cases}$

□(3) $\begin{cases} 3x+4y=10 \\ x-5y=-3 \end{cases}$

□(4) $\begin{cases} 5x-2y=5 \\ y=3x-4 \end{cases}$

□(5) $\begin{cases} 6x-7y=12 \\ 3x=2y+15 \end{cases}$

□(6) $\begin{cases} 2x-5y=3 \\ 3x-4y=15 \end{cases}$

【いろいろな連立方程式①】

❺ 次の連立方程式を解きなさい。

□(1) $\begin{cases} 2x+3y=-14 \\ -4(x+y)+x=16 \end{cases}$

□(2) $\begin{cases} 2x-y=-1 \\ x-0.6y=0.2 \end{cases}$

□(3) $\begin{cases} 4x-5y=22 \\ \dfrac{x}{3}-\dfrac{y}{2}=2 \end{cases}$

□(4) $\begin{cases} 0.1x-0.2y=-0.6 \\ \dfrac{1}{6}x-\dfrac{1}{9}y=1 \end{cases}$

【いろいろな連立方程式②】

❻ 次の問に答えなさい。

□(1) 連立方程式 $3x-2y=9x+2y=12$ を解きなさい。

□(2) 連立方程式 $\begin{cases} ax+by=5 \\ bx+ay=13 \end{cases}$ の解が，$x=-3$，$y=5$ であるとき，a，b の値を求めなさい。

$(a=\qquad,\ b=\qquad)$

ヒント

❹
式の形を見て，加減法，代入法のどちらかの解き方を選んで解く。

ミスに注意
解を求めたあと，答を2つの方程式に代入して，方程式が成り立つかどうか確認しよう。

❺
(1)まず，かっこをはずし，整理する。
(2)〜(4)係数に分数や小数をふくむ連立方程式は，係数が全部整数になるように変形してから解くとよい。

❻
(1) $\begin{cases} 3x-2y=12 \\ 9x+2y=12 \end{cases}$
の組み合わせの連立方程式をつくって解く。
(2)解を連立方程式に代入すると，2つの文字a, bをふくむ連立方程式ができる。

Step 1 基本チェック ┃ 2 節　連立方程式の利用

15分

教科書のたしかめ　[ ]に入るものを答えよう！

1 連立方程式の利用　▶ 教 p.51-53　Step 2 **1**-**8**

解答欄

□(1)　1 本 60 円の鉛筆と 1 本 90 円の鉛筆を合わせて 10 本買い，780 円はらいました。60 円の鉛筆を x 本，90 円の鉛筆を y 本買ったとして，表のあいているところをうめなさい。

(1)

1 本の値段 (円)	60	90	
本数 (本)	[x]	[y]	10
代金 (円)	[$60x$]	[$90y$]	[780]

□(2)　(1)の本数の関係から方程式をつくりなさい。[$x+y=10$]

(2)

□(3)　(1)の代金の関係から方程式をつくりなさい。

(3)

[$60x+90y=780$]

□(4)　あるクラスに，男女合わせて 40 人の生徒がいます。そのうち，

(4)

男子の半分と女子の $\dfrac{2}{3}$ の生徒がパソコンを使ったことがあり，

それらの人数の和は 23 人でした。クラスの男子の人数を x 人，女子の人数を y 人として，連立方程式をつくりなさい。

$$\begin{cases} [\ x+y=40\ ] & \cdots \text{クラスの人数の関係} \\ \left[\ \dfrac{1}{2}x+\dfrac{2}{3}y=23\ \right] & \cdots \begin{array}{l}\text{パソコンを使ったことがある}\\ \text{人数の関係}\end{array} \end{cases}$$

教科書のまとめ　＿＿＿に入るものを答えよう！

□連立方程式を利用して，答えを求める順序

1 どの数量 を文字を使って表すかを決める。

2 数量の間の関係 を見つけ， 2 つの方程式 をつくる。

3 連立方程式 を解いて， 解 を求める。

4 解 が問題に適しているか確かめる。

　※求める数量と文字で表した数量が異なっていることがあるので注意する。

□個数と代金の問題… 個数の関係 と 代金の関係 に着目する。

□速さの問題…問題にふくまれる数量を図や表に整理してみる。

$$(\text{時間}) = \frac{(\text{道のり})}{(\text{速さ})} \qquad (\text{道のり}) = (\text{速さ}) \times (\text{時間}) \qquad (\text{速さ}) = \frac{(\text{道のり})}{(\text{時間})}$$

□割合の問題…百分率などの割合を 分数 で表す。

Step **2**　予想問題　：**2節 連立方程式の利用**

1ページ
30分

【連立方程式の利用①】

❶ 2けたの正の整数があります。その整数は，各位の数の和の 5 倍より 8 大きいそうです。また，十の位の数と一の位の数を入れかえた数は，もとの整数より 9 小さくなります。

もとの整数を求めなさい。

（　　　　　　　　）

【連立方程式の利用②】

❷ 50 円切手と 120 円切手を合わせて 15 枚買ったところ，代金はちょうど 1100 円でした。

(1)　50 円切手を x 枚，120 円切手を y 枚買ったとして，連立方程式をつくりなさい。

（　　　　　　　　）

(2)　50 円切手と 120 円切手をそれぞれ何枚買いましたか。

（50 円切手　　　　　, 120 円切手　　　　　）

【連立方程式の利用③】

❸ ケーキ 3 個とプリン 5 個の代金の合計は 2160 円，ケーキ 5 個とプリン 4 個の代金の合計は 2820 円です。

ケーキ 1 個とプリン 1 個の値段は，それぞれ何円ですか。

（ケーキ　　　　　, プリン　　　　　）

【連立方程式の利用④】

❹ C 市をはさんで 14 km はなれた A，B の 2 つの市があります。K さんは，A 市から B 市に行くのに，A 市から C 市までは時速 3 km，C 市から B 市までは時速 4 km で歩いたところ，ちょうど 4 時間かかって B 市に着きました。

A 市から C 市まで，C 市から B 市まではそれぞれ何 km ですか。

（A 市～C 市　　　　　, C 市～B 市　　　　　）

ヒント

❶
もとの整数の十の位を x，一の位を y とすると，もとの整数は $10x+y$ と表される。

❷
切手の枚数の関係と，代金の関係から，2 つの方程式をつくる。

❸
ケーキ 1 個の値段を x 円，プリン 1 個の値段を y 円として，代金の関係から，連立方程式をつくる。

❹
(時間)$=\dfrac{(道のり)}{(速さ)}$
の関係を使う。

ミスに注意
連立方程式の利用の問題では答え方に注意しよう。問題に合わせて，単位などをつけて答えよう。

　　　　　　　　　　　　　　　　　　[解答 ▶ p.8]

【連立方程式の利用⑤】

❺ 峠をはさんで A 地と B 地があります。ほのかさんは，A 地を出発して，B 地との間を往復しました。上りは時速 3 km，下りは時速 6 km で歩き，行きは 7 時間，帰りは 8 時間かかりました。

A 地から峠まで，峠から B 地までは，それぞれ何 km ですか。

（A 地〜峠　　　　　，峠〜 B 地　　　　　）

❺
行きは
　A 地〜峠…上り
　峠〜B 地…下り
帰りは
　B 地〜峠…上り
　峠〜A 地…下り

2章

【連立方程式の利用⑥】

❻ ある中学校の去年の生徒数は，男女合わせて 600 人でした。今年は，男子が 20 ％増え，女子が 8 ％減ったので，全体で 29 人増えました。

□(1)　去年の男子，女子の生徒数をそれぞれ x 人，y 人として，連立方程式をつくりなさい。

□(2)　去年の男子，女子の生徒数は，それぞれ何人ですか。

（男子　　　　　，女子　　　　　）

❻
(1)去年の生徒数の関係と，増えた生徒数の関係から，連立方程式をつくる。
20 ％→ $\frac{20}{100}$

【連立方程式の利用⑦】

❼ ある学校の合唱部の部員数は，去年は全員で 35 人でした。今年は，男子が 30 ％増え，女子が 20 ％減ったので，全員で 38 人になりました。

今年の男子，女子の部員数は，それぞれ何人ですか。

（男子　　　　　，女子　　　　　）

❼
去年の男子を x 人，女子を y 人として，連立方程式をつくる。

ミスに注意
求めるもの（問題の答え）は，今年の人数であることに注意しよう。

【連立方程式の利用⑧】

❽ 8 ％の食塩水 x g と 5 ％の食塩水 y g を混ぜて，6 ％の食塩水 600 g を作ろうと思います。

□(1)　6 ％の食塩水 600 g のなかには，何 g の食塩がふくまれていますか。

□(2)　2 種類の食塩水をそれぞれ何 g 混ぜればよいですか。

（8 ％　　　　　，5 ％　　　　　）

❽
(1)a ％の食塩水にふくまれる食塩の重さは
（食塩水の重さ）
× $\frac{a}{100}$

Step 3 予想テスト ・ 2 章 連立方程式

30分　目標 80点　　／100点

❶ 次の⑦〜⑨の x, y の値の組のなかで，連立方程式 $\begin{cases} 3x - y = 14 \\ 2x + 3y = 2 \end{cases}$ の解はどれですか。知

3 点

⑦　$x = -2$, $y = 2$　　　　⑦　$x = 4$, $y = -2$　　　　⑨　$x = 3$, -5

❷ 次の連立方程式を解きなさい。知

30 点(各 5 点)

(1) $\begin{cases} x - y = 5 \\ 2x + y = 1 \end{cases}$　　　(2) $\begin{cases} 7x + 2y = 12 \\ 3x - 4y = 10 \end{cases}$　　　(3) $\begin{cases} 2x + 3y = -6 \\ 5x - 2y = 23 \end{cases}$

(4) $\begin{cases} y = 4x + 13 \\ 2x + y = 1 \end{cases}$　　　(5) $\begin{cases} 3x + 4y = 1 \\ 2y = -x - 1 \end{cases}$　　　(6) $4x + 5y = 3x + 2y = 14$

❸ 次の連立方程式を解きなさい。知

20 点(各 5 点)

(1) $\begin{cases} 3x - 2y + 3 = 0 \\ 4(x + 1) - 3y = -2 \end{cases}$　　　(2) $\begin{cases} 0.3x + 0.2y = 0.1 \\ 0.2x - 0.1y = 1 \end{cases}$

(3) $\begin{cases} 4x - y = 48 \\ \dfrac{1}{5}x + \dfrac{1}{2}y = -2 \end{cases}$　　　(4) $\begin{cases} \dfrac{1}{4}x + \dfrac{2}{3}y = -2 \\ 0.4x + 0.3y = 1.4 \end{cases}$

❹ 次の問に答えなさい。考

18 点(各 6 点)

(1) 連立方程式 $\begin{cases} ax - by = -4 \\ bx + ay = -7 \end{cases}$ の解が $x = -2$, $y = -1$ であるとき，a, b の値を求めなさい。

(2) 次の⑦，⑦の連立方程式は同じ解をもちます。⑦，⑦の解と a, b の値を求めなさい。

⑦　$\begin{cases} 5x + 2y = -2 \\ ax + by = -2 \end{cases}$　　　⑦　$\begin{cases} x - 3y = -14 \\ bx + ay = 10 \end{cases}$

❺ 2けたの正の整数があります。この整数の各位の数の和は 11 です。また，十の位の数と一の位の数を入れかえた数は，もとの整数より 45 大きくなります。

もとの整数を求めなさい。[考] 5点

❻ ある店で，みかん 4 個とりんご 5 個を買うと 650 円でした。また，同じみかん 8 個とりんご 7 個を 120 円のかごに入れて買うと 1150 円でした。

みかん 1 個とりんご 1 個の値段は，それぞれ何円ですか。[考] 6点

❼ ある人が A 町から 6 km はなれた B 町に向かいました。A 町から途中の駅までは分速 50 m，駅から B 町までは分速 80 m で歩き，90 分かかって B 町に着きました。[考] 8点(各4点)

□(1) A 町から駅までの時間を x 分，駅から B 町までの時間を y 分として，連立方程式をつくりなさい。

□(2) A 町から駅までの道のりを x m，駅から B 町までの道のりを y m として，連立方程式をつくりなさい。

❽ ある学校の全生徒数は 260 人です。そのうち，男子の 70 ％と女子の 50 ％が運動部に入っていて，運動部に入っている生徒数は全体で 154 人です。

この学校の男子，女子の生徒数は，それぞれ何人ですか。[考] 10点

❶					
❷	(1)		(2)		(3)
	(4)		(5)		(6)
❸	(1)		(2)		(3)
	(4)				
❹	(1)		(2) ⑦, ⑦の解		a, bの値
❺			❻ みかん		りんご
❼	(1)			(2)	
❽	男子		女子		

Step 1 基本チェック 1節 1次関数 / 2節 1次関数の性質と調べ方
15分

教科書のたしかめ [ ]に入るものを答えよう!

1節 ❶ 1次関数 ▶教 p.60-61 Step 2 ❶

解答欄

□(1) 次の⑦～⊃のうち，1次関数であるといえるものは[⊘，⊃]
　　⑦ $y=2\div x$　　⊘ $y=-4x$　　⑨ $y=x^2$　　⊃ $y=5x$

(1)

2節 ❶ 1次関数の値の変化 ▶教 p.63-64 Step 2 ❷❸

□(2) 1次関数 $y=3x-4$ で，x の値が 2 から 5 まで増加したときの y の増加量は[9]で，このときの変化の割合は[3]となる。

(2)

□(3) 1次関数 $y=ax+b$ では，x が 1 だけ増加したときの y の増加量は[a]である。

(3)

2節 ❷ 1次関数のグラフ ▶教 p.65-70 Step 2 ❹-❼

□(4) 1次関数 $y=5x+6$ のグラフ上の各点は，$y=5x$ のグラフ上の各点を，上に[6]だけ移動させたものである。

(4)

□(5) 1次関数 $y=-3x-5$ のグラフの傾きは[-3]，切片は[-5]

(5)

□(6) 次の1次関数のグラフをかきなさい。

　　① $y=3x-3$　　② $y=-\dfrac{1}{4}x+4$

(6)

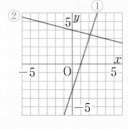

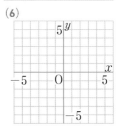

2節 ❸ 1次関数の式を求める方法 ▶教 p.71-73 Step 2 ❽-❿

□(7) グラフの傾きが 4 で，点 (1, 1) を通る1次関数の式は，$y=4x+b$ に $x=1$，$y=1$ を代入すると，$b=[-3]$より　$y=[4x-3]$

(7)

教科書のまとめ ＿＿に入るものを答えよう!

□2つの変数 x，y について，y が x の1次式で表されるとき，y は x の 1次関数 であるという。

□1次関数の式は，一般に $y=ax+b$ と表される。また，変化の割合は一定で a に等しい。

$$（変化の割合）=\frac{（\,y\,の増加量）}{（\,x\,の増加量）}=a$$

□1次関数 $y=ax+b$ のグラフ… $y=ax$ のグラフを y 軸の正の方向に b だけ平行移動させた 直線 。また， 傾き が a， 切片 が b の直線である。

□1次関数 $y=ax+b$ の増減とグラフ
　1 $a>0$ のとき…x が増加すれば y も増加 する。グラフは 右上がり の直線。
　2 $a<0$ のとき…x が増加すれば y は減少 する。グラフは 右下がり の直線。

Step 2　予想問題　1節 1次関数 / 2節 1次関数の性質と調べ方

1ページ 30分

3章

【1次関数】

❶ 次の㋐〜㋓のうち，y が x の1次関数であるものをすべて選びなさい。

㋐　縦 x cm，横 y cm の長方形の面積が 30 cm² である。

㋑　1辺が x cm の正三角形の周の長さが y cm である。

㋒　1辺が x cm の立方体の表面積が y cm² である。

㋓　長さ 12 cm のろうそくの燃えた長さが x cm のとき，残りの長さが y cm である。

（　　　　）

💡ヒント

❶ y が x の1次式で表されるものを選ぶ。

❌ミスに注意

$y=ax$ は，$y=ax+b$ で，$b=0$ になっている特別な場合であることに注意しよう。

【1次関数の値の変化①】

❷ 次の1次関数について，x の値が -1 から 2 まで増加したときの $\dfrac{(y\text{ の増加量})}{(x\text{ の増加量})}$ をそれぞれ求めなさい。

□(1)　$y=2x+1$　　□(2)　$y=\dfrac{1}{3}x-3$　　□(3)　$y=-x+5$

（　　　）　　（　　　）　　（　　　）

❷ x の増加量は
$2-(-1)=2+1$
$\qquad\quad=3$
(1)〜(3)のそれぞれの式に，$x=-1$，$x=2$ を代入して，y の増加量を求める。

【1次関数の値の変化②】

❸ 次の1次関数の変化の割合を答えなさい。

□(1)　$y=3x+1$　（　　　）　　□(2)　$y=-2x+4$　（　　　）

□(3)　$y=\dfrac{1}{2}x-1$　（　　　）　　□(4)　$y=-\dfrac{3}{4}x+2$　（　　　）

❸ $y=ax+b$ で，a が変化の割合となる。

【1次関数のグラフ①】

よく出る

❹ 次の㋐〜㋓の1次関数について，下の問に答えなさい。

㋐　$y=2x+1$　㋑　$y=-3x-1$　㋒　$y=\dfrac{2}{3}x-1$　㋓　$y=-3x+6$

□(1)　それぞれの関数のグラフの傾きと切片を答えなさい。

㋐（傾き　　　切片　　　）　　㋑（傾き　　　切片　　　）

㋒（傾き　　　切片　　　）　　㋓（傾き　　　切片　　　）

□(2)　グラフが右上がりになるのはどれですか。（　　　）

□(3)　グラフが平行になるのはどれとどれですか。（　　　）

□(4)　グラフが y 軸上で交わるのはどれとどれですか。（　　　）

□(5)　グラフが点 $(1,\ 3)$ を通る直線になる関数をすべて答えなさい。

（　　　）

❹ $y=ax+b$ で，$a>0$ のとき，右上がりの直線となる。
a が等しい2つのグラフは平行である。
また，b が等しい2つのグラフは y 軸上で交わる。
(5)$x=1$，$y=3$ を代入して，等式が成り立つもの。

【1次関数のグラフ②】

❺ 次の1次関数のグラフをかきなさい。

よく出る

□(1)　$y = 2x - 4$

□(2)　$y = -3x + 4$

□(3)　$y = \dfrac{3}{4}x + 3$

□(4)　$y = -\dfrac{1}{3}x + 2$

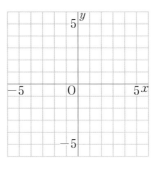

❺

次の2通りのかき方が
ある。

①傾きと切片を求めて
　かく。

②y が整数となるよう
　な適当な整数を x
　に選び，2点を求め
　てかく。

【1次関数のグラフ③】

❻ 90 L の水が入っている水そうの水を，毎分6 L の割合で排水し，水
そうを空にします。排水し始めてから x 分後の水そうに残っている
水の量を y L とするとき，次の問に答えなさい。

点UP

□(1)　y を x の式で表しなさい。

（　　　　　　　　）

□(2)　(1)の式のグラフをかくと，右のよう
になりました。ア，イにあてはまる
数を求めなさい。

ア（　　　　　　　　）

イ（　　　　　　　　）

□(3)　$x = 10$ のときの y の値を求めなさい。

（　　　　　　　　）

❻

(1)求める式を
　$y = ax + b$ とおき，a，
　b の表すものは何か
　考える。

(2)アは，$x = 0$ のときの
　y の値である。
　イは，$y = 0$ のときの
　x の値である。

【1次関数のグラフ④】

❼ 次の1次関数について，それぞれの関数のグラフをかきなさい。また，
点 A，B がそれぞれのグラフ上にあるとき，a，b の値を求めなさい。

□(1)　$y = x + 2$　　A$(-8, a)$

（　　　　　　　　）

□(2)　$y = -\dfrac{1}{3}x + 4$　　B$(b, 0)$

（　　　　　　　　）

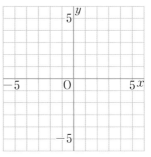

❼

(1)1次関数の式に，
　$x = -8$，$y = a$ を代
　入して，a の値を求
　める。

［解答 ▶ p.13］

【1次関数の式を求める方法①】

❽ 右の図の直線(1)～(3)の式を求めなさい。

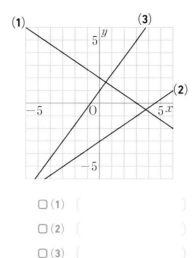

💡ヒント

❽ グラフから，切片と傾きを読みとれば，直線の式を求めることができる。切片はグラフが y 軸と交わる点の y 座標の値である。

3章

☐(1)　(　　　　　)

☐(2)　(　　　　　)

☐(3)　(　　　　　)

【1次関数の式を求める方法②】

❾ 次の条件をみたす1次関数の式を求めなさい。

☐(1)　グラフの傾きが2で，点 $(5, 2)$ を通る。

(　　　　　)

☐(2)　変化の割合が -5 で，$x=4$ のとき $y=-13$

(　　　　　)

☐(3)　グラフが2点 $(3, -5)$，$(-2, 5)$ を通る。

(　　　　　)

❾ $y=ax+b$ にあたえられた値を代入し，a，b を求める。

📋テスト得ダネ

1次関数(直線)の式を求める問題はよく出るよ。
$y=ax+b$ の a と b がそれぞれ何を表しているか，確認しよう。

【1次関数の式を求める方法③】

❿ 次の条件をみたす1次関数の式を求めなさい。

☐(1)　グラフが直線 $y=-3x+1$ に平行で，点 $(-2, 8)$ を通る。

(　　　　　)

☐(2)　$x=3$ のとき $y=-3$，$x=5$ のとき $y=3$

(　　　　　)

☐(3)　x の値が2だけ増加すると，y の値は8だけ減少し，グラフは点 $(0, 10)$ を通る。

(　　　　　)

❿
(1)平行ならば，傾きが同じである。
(3)x の値が2だけ増加すると，y の値は8だけ減少するから，傾きは -4 である。

Step 1 基本チェック　3節 2元1次方程式と1次関数　4節 1次関数の利用

15分

教科書のたしかめ　[　]に入るものを答えよう！

3節 ❶ 2元1次方程式のグラフ　▶教 p.76-79　Step 2 ❶❷

解答欄

□(1) 方程式 $2x-y-6=0\cdots$① を y について解くと　$y=[\ 2x-6\ ]$
①のグラフは，傾きが[2]，切片が[-6]の直線である。

(1)

□(2) 方程式 $3x-4y+12=0\cdots$②では，$x=0$ とすると $y=[\ 3\ ]$，
$y=0$ とすると $x=[\ -4\ ]$　よって，②のグラフは，
2点[$(0,\ 3)$]，[$(-4,\ 0)$]を通る直線である。

(2)

□(3) 方程式 $4y=-16$ のグラフ$\cdots y=[\ -4\ ]$
よって，点[$(0,\ -4)$]を通り，x 軸に平行な直線である。

(3)

□(4) 方程式 $5x-25=0$ のグラフ$\cdots x=[\ 5\ ]$
よって，点[$(5,\ 0)$]を通り，y 軸に平行な直線である。

(4)

3節 ❷ 連立方程式とグラフ　▶教 p.80-81　Step 2 ❸❹

□(5) 連立方程式 $\begin{cases} x-y+1=0 \\ 2x-y-2=0 \end{cases}$ の解を，グラフをかいて求めると　$x=[\ 3\ ]$，$y=[\ 4\ ]$

(5)

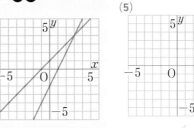

4節 ❶ 1次関数とみなすこと　▶教 p.85　Step 2 ❺

4節 ❷ 1次関数のグラフの利用　▶教 p.86-87　Step 2 ❻❼

□(6) 右のグラフは，6 km はなれた2地点間を，Aさん，Bさんが進んだようすを表したものです。Aさんは，分速[400 m]，Bさんは，分速[200 m]で進み，2人は進み始めてから，[10 分後]に出会います。

(6)

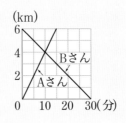

4節 ❸ 1次関数と図形　▶教 p.88　Step 2 ❽

教科書のまとめ　____に入るものを答えよう！

□ $x+2y-6=0\cdots$①は，2つの文字 $x,\ y$ をふくむ 2元1次方程式 である。
①の式は，x の値を決めると y の値もただ1つに決まるから，y は x の関数 である。

□ $a,\ b,\ c$ を定数とするとき，2元1次方程式 $ax+by=c$ のグラフは 直線 である。
$a=0$ の場合，グラフは x 軸に平行な直線，$b=0$ の場合は，y 軸に平行な直線。

□ 連立方程式の解は，それぞれの 方程式のグラフの交点 の x 座標，y 座標 の組である。

□ 2直線の交点の座標は，2つの直線の式を組にした 連立方程式 を解いて求められる。

Step 2 予想問題 ┊ **3 節 2 元 1 次方程式と 1 次関数**
4 節 1 次関数の利用

1ページ
30分

【2 元 1 次方程式のグラフ①】

❶ 次の方程式のグラフをかきなさい。

☐(1)　$2x - y + 3 = 0$

☐(2)　$x + 2y + 2 = 0$

☐(3)　$x - 6y = 12$

☐(4)　$\dfrac{x}{2} + \dfrac{y}{3} = 1$

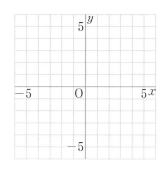

🔍ヒント

❶
方程式を y について解き，傾きと切片からグラフをかく。
また，グラフが通る 2 点の座標を求めてかくこともできる。

【2 元 1 次方程式のグラフ②】

❷ 次の方程式のグラフをかきなさい。

☐(1)　$3y = -6$

☐(2)　$-4y + 16 = 0$

☐(3)　$3x - 9 = 0$

☐(4)　$-2x + 1 = 11$

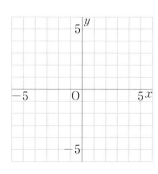

❷
$ax + by = c$ のグラフで，$a = 0$ の場合は x 軸に平行な直線，$b = 0$ の場合は y 軸に平行な直線になる。

【連立方程式とグラフ①】

❸ 連立方程式 $\begin{cases} x - y + 1 = 0 \\ 3x - y - 3 = 0 \end{cases}$ について，次の問に答えなさい。

☐(1)　それぞれの方程式のグラフをかきなさい。

☐(2)　この連立方程式の解を，グラフを使って求めなさい。

（　　　　　　　）

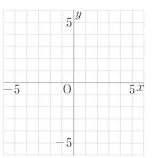

❸
(1)式を変形すると
$\begin{cases} y = x + 1 \\ y = 3x - 3 \end{cases}$
傾きと切片を求めて，グラフをかく。

(2) 2 つのグラフの交点の x 座標，y 座標の組が連立方程式の解となる。

【連立方程式とグラフ②】

❹ 次の問に答えなさい。

☐(1)　右の図の直線①の式を求めなさい。

（　　　　　　　）

☐(2)　右の図の直線②の式を求めなさい。

（　　　　　　　）

☐(3)　①，②の交点の座標を求めなさい。

（　　　　　　　）

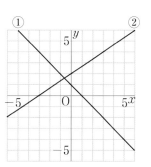

❹
(1)(2)グラフから，傾きと切片を読みとる。

❌ミスに注意
右下がりの直線は，傾きが負の数になることに注意しよう。

【1次関数とみなすこと】

❺ 下の表は，ろうそくに火をつけてから x 分後のろうそくの長さを y mm として，10 分後までの長さを表したものです。下の問に答えなさい。

x(分)	0	2	4	6	8	10
y(mm)	190	181	170	161	151	140

□(1) $x=0$ のとき $y=190$，$x=10$ のとき $y=140$ である 1 次関数とみなして，y を x の式で表しなさい。

（　　　　　　　　）

□(2) (1)で求めた式で，15 分後のろうそくの長さを予想しなさい。

（　　　　　　　　）

□(3) (1)で求めた式で，10 分後からあと何分使用できるか予想しなさい。

（　　　　　　　　）

❺

2 分ごとのろうそくの長さの変化をほぼ 10mm とすると，y は x の 1 次関数とみなすことができる。

【1次関数のグラフの利用①】

よく出る

❻ A 地点から 10 km はなれた B 地点まで走っているバスがあります。バスが A 地点を出発してからの時間を x 分，走った道のりを y km とするとき，x と y の関係は，下のグラフのようになります。

□(1) x と y の関係を式で表しなさい。

（　　　　　　　　）

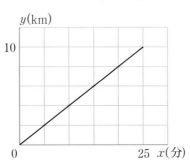

□(2) B 地点から A 地点へ時速 30 km で帰ってくるとすると，B 地点を出発してから，何分で A 地点に着きますか。

（　　　　　　　　）

□(3) A 地点から B 地点までのバスの時速を求めなさい。

（　　　　　　　　）

□(4) バスが出発してから 10 分後に，時速 48 km の自動車で A 地点を出発し，バスを追いかけました。バスが出発してから自動車がバスに追いつくまでの時間を求めなさい。また，追いつくのは A 地点から何 km の地点ですか。

（時間　　　　　，地点　　　　　）

❻

グラフの傾きは $\dfrac{(道のり)}{(時間)}$ で，バスの分速を表す。

テスト得ダネ

時間と道のりのグラフの問題はよく出るよ。グラフの傾きが速さになることを覚えておこう。

［解答 ▶ p.15］

【1 次関数のグラフの利用②】

❼ A さんは家から 3 km はなれた公園へ走って行きました。はじめの 6 分間は分速 300 m で走り，しばらく止まって休み，その後は分速 200 m で走ったら，公園に着いたのは，家を出てから 15 分後でした。

❼
(道のり)＝(速さ)×(時間)の関係を利用する。

❌ ミスに注意
「休んでいた」ときのグラフは，x 軸に平行な直線になるよ。

□(1) A さんが休んでいた時間を求めなさい。

(　　　　　　　　)

□(2) A さんの進んだようすを表すグラフをかき入れなさい。

□(3) B さんは，A さんよりおくれて，時速 30 km のバイクで家を出発しましたが，公園には A さんと同時に着きました。B さんは A さんより何分おくれて家を出発しましたか。

(　　　　　　　　)

【1 次関数と図形】

❽ 下の図 1 の長方形 ABCD で，点 P は B を出発して，辺上を C，D を通って A まで動きます。点 P が B から x cm 動いたときの △ABP の面積を y cm² とします。下の問に答えなさい。

❽
(1)②△ABP の底辺，高さとも一定であるから，グラフは x 軸に平行な直線になる。

❌ ミスに注意
動点の問題は，変域に注意しよう。いくつかの変域があるときは，グラフが折れ線になる場合があるよ。

図 1
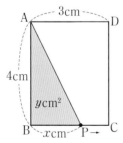

図 2
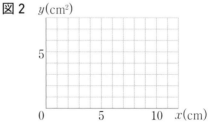

(1) 次の各場合について，x の変域を求め，y を x の式で表しなさい。

□① 点 P が辺 BC 上

(変域　　　　　式　　　　　)

□② 点 P が辺 CD 上

(変域　　　　　式　　　　　)

□③ 点 P が辺 DA 上

(変域　　　　　式　　　　　)

□(2) △ABP の面積の変化のようすを表すグラフを，上の図 2 にかきなさい。

Step 3 予想テスト　**3 章 1 次関数**

30分　目標 80点　／100点

❶ 次の問に答えなさい。知　　　　　　　　　　　　　　　16 点(各 4 点)

□(1) 次の⑦〜⊕のうち，y が x の 1 次関数であるものをすべて選びなさい。

⑦　$y=-5x$　　　　④　$y=\pi x^2$　　　　⑨　$y=\dfrac{8}{x}$　　　　⊕　$y=\dfrac{1}{4}x-3$

(2) 1 次関数 $y=3x-7$ について，次の問に答えなさい。

　□① $x=-3$ のときの y の値を求めなさい。

　□② x が 5 だけ増加したときの y の増加量を求めなさい。

　□③ グラフが点 $(a,\ -1)$ を通るとき，a の値を求めなさい。

❷ 次の 1 次関数について，グラフの傾きと切片を答えなさい。知　　9 点(各 3 点)

□(1) $y=-x+2$　　　　□(2) $y=\dfrac{2}{5}x-1$　　　　□(3) $y=-\dfrac{1}{8}x$

❸ 次の 1 次関数のグラフをかきなさい。知　　　　　　　　　　9 点(各 3 点)

□(1) $y=2x-3$　　　　□(2) $y=\dfrac{1}{4}x+2$　　　　□(3) $y=-\dfrac{3}{4}x+3$

❹ 次の条件をみたす 1 次関数の式を求めなさい。知　　　　　12 点(各 4 点)

□(1) グラフが 2 点 $(2,\ 10)$, $(-3,\ -10)$ を通る。

□(2) x の値が 3 だけ増加すると，y の値は 4 だけ減少し，グラフは点 $(6,\ -3)$ を通る。

□(3) グラフが直線 $y=3x-6$ に平行で，点 $(-1,\ -5)$ を通る。

❺ 次の問に答えなさい。知　　　　　　　　　　　　　　　20 点(各 4 点)

□(1) 右の図の①〜④の直線の式を求めなさい。

□(2) 右の図の 2 直線①，②の交点の座標を求めなさい。

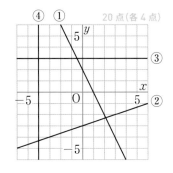

❻ 円柱の形をした深さ 70 cm の水そうに一定の割合で水を入れます。水を入れ始めてからの時間と水面の高さの関係が右の表のようになりました。考　　8 点(各 4 点)

時間（分）	…	4	…	6	…
高さ（cm）	…	15	…	20	…

□(1) 水そうに水を入れ始めてから x 分後の水面の高さを y cm として，y を x の式で表しなさい。

□(2) 水そうが満水になるのは水を入れ始めてから何分後ですか。

❼ A さんは，家を出発し，自転車で 12 km はなれた駅まで行きました。右のグラフは，A さんが家を出てから x 分後の家からの道のりを y km として，そのときのようすを表したものです。考 10点(各5点)

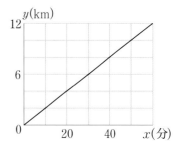

□(1) y を x の式で表しなさい。

□(2) B さんは A さんが出発してから 10 分後に駅を出発し，A さんと同じ道を時速 18 km の自転車で A さんの家に向かいました。A さんと B さんが出会うのは，A さんが出発してから何分後ですか。

❽ 右の図の長方形 ABCD で，点 P は A を出発して，辺上を B，C を通って D まで動きます。点 P が A から x cm 動いたときの △APD の面積を y cm^2 とします。考 16点(各4点)

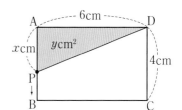

□(1) 点 P が辺 AB 上を動くとき，y を x の式で表しなさい。

□(2) 点 P が辺 BC 上を動くとき，y の値を求めなさい。

□(3) 点 P が辺 CD 上を動くとき，y を x の式で表しなさい。

□(4) y の値が 9 になるときの x の値をすべて求めなさい。

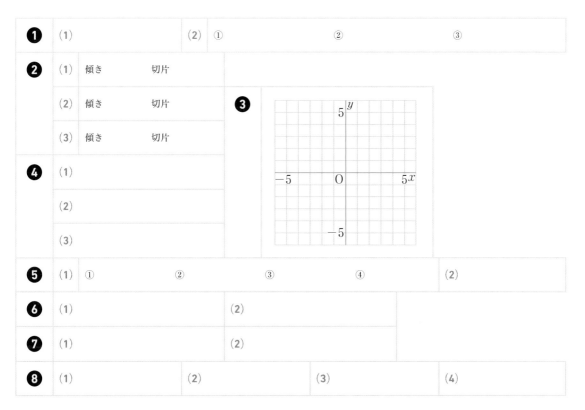

Step 1　基本チェック

1 節　説明のしくみ
2 節　平行線と角

15分

教科書のたしかめ　[　]に入るものを答えよう！

1 節 ❶ 多角形の角の和の説明　▶ 教 p.98-100　Step 2 ❶

解答欄

□(1)　n 角形の内角の和は $180° \times ([\,n-2\,])$ である。

(1)

□(2)　多角形の外角の和は $[\,360°\,]$ である。

(2)

2 節 ❶ 平行線と角　▶ 教 p.102-106　Step 2 ❷-⓫

□(3)　右の図のように，3 つの直線が 1 点で交わっているとき　$\angle a = [\,33°\,]$，$\angle b = [\,75°\,]$，$\angle c = [\,72°\,]$，$\angle d = [\,75°\,]$

(3) $\angle a$
$\angle b$
$\angle c$
$\angle d$

□(4)　右の図で $\ell \parallel m$ のとき　$\angle e = [\,30°\,]$，$\angle f = [\,30°\,]$，$\angle g = [\,150°\,]$

(4) $\angle e$
$\angle f$
$\angle g$

□(5)　下の図で，$\angle h \sim \angle k$ の大きさを求めなさい。

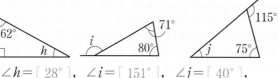

(5) $\angle h$
$\angle i$
$\angle j$
$\angle k$

($\ell \parallel m$)

$\angle h = [\,28°\,]$，$\angle i = [\,151°\,]$，$\angle j = [\,40°\,]$，$\angle k = [\,52°\,]$

□(6)　正六角形の内角の和は $180° \times ([\,6-2\,]) = [\,720°\,]$
1 つの内角の大きさは $[\,120°\,]$，1 つの外角の大きさは $[\,60°\,]$。

(6)

□(7)　内角の和が 1800° である多角形は $[\,$十二角形$\,]$ である。

(7)

□(8)　1 つの外角が 45° である正多角形は $[\,$正八角形$\,]$ である。

(8)

教科書のまとめ　＿＿に入るものを答えよう！

□右の図で，$\angle ABC$，$\angle BCD$ などを 内角，$\angle ADE$ を頂点 D における 外角 という。

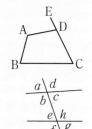

□n 角形の内角の和は $180° \times (n-2)$，多角形の外角の和は $360°$。

□右の図で，$\angle a$ と $\angle c$ のように，向かい合っている角を 対頂角 といい，対頂角 は 等しい。

$\angle d$ と $\angle h$ のような位置にある角を 同位角 という。

$\angle b$ と $\angle h$ のような位置にある角を 錯角 という。

□**平行線の性質**… 平行 な 2 直線に 1 つの直線が交わるとき，同位角・錯角 は等しい。

□**平行線になるための条件**… 同位角 または 錯角 が等しければ，2 直線は 平行 である。

□三角形の外角は，それととなり合わない 2 つの内角の和 に等しい。

Step 2 　予想問題　**1節 説明のしくみ**
2節 平行線と角

1ページ
30分

ヒント

【多角形の角の和の説明】

❶ 多角形を，1つの頂点から出る対角線で三角形に分けます。頂点の数が 20 のときに分けられる三角形の個数を求めなさい。

（　　　　　）

❶
対角線によって，多角形は，（頂点の数 −2）個の三角形に分けられる。

【平行線と角①】

❷ 右の図のように，3つの直線が1点で交わっているとき，次の角の大きさを求めなさい。

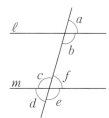

❷
対頂角（向かい合っている角）は等しい。

□(1)　∠a

□(2)　∠b

（　　　　　）　　　　　（　　　　　）

□(3)　∠a＋∠b＋∠c

□(4)　∠d

（　　　　　）　　　　　（　　　　　）

【平行線と角②】

❸ 右の図で，$\ell /\!/ m$ のとき，等しい角の組をすべて答えなさい。

❸
対頂角は等しい。
また，平行線ならば同位角，錯角は等しい。

✕｜ミスに注意
同位角，錯角が等しくなるのは，平行線の場合だけだよ。

【平行線と角③】

❹ 右の図の $a \sim d$ の直線のうち，平行であるものを記号 $/\!/$ を使って表しなさい。また，∠x，∠y，∠z，∠u のうち，等しい角の組を答えなさい。

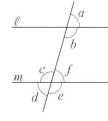

❹
$a \sim d$ の4本の直線の同位角や錯角の大きさを調べる。同位角や錯角が等しければ，2直線は平行である。

　　平行（　　　　　）

等しい角（　　　　　）

【平行線と角④】

よく出る

❺ 下の図で $\ell /\!/ m$ のとき，∠x の大きさを求めなさい。

□(1)
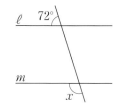

□(2)
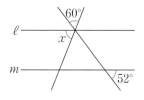

（　　　　　）　　　　　（　　　　　）

❺
平行な2直線に1つの直線が交わるとき，同位角や錯角は等しい。

【平行線と角⑤】

❻ 下の図で，ℓ∥m のとき，∠x の大きさを求めなさい。

☐(1)

☐(2)

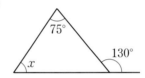

(　　　　　)　　　　　(　　　　　)

【平行線と角⑥】

❼ 下の図で，∠x の大きさを求めなさい。

☐(1)

☐(2)

(　　　　　)　　　　　(　　　　　)

☐(3)

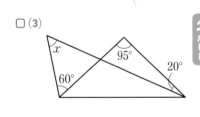

☐(4)

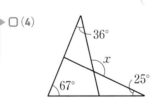

(　　　　　)　　　　　(　　　　　)

【平行線と角⑦】

❽ 右の図で，点 D は △ABC の頂点 A と頂点 C における外角の二等分線の交点です。∠B＝50°のとき，∠ADC の大きさを求めなさい。

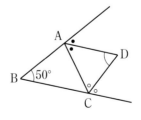

(　　　　　)

❻
(2)∠x の頂点から ℓ に平行な直線をひく。または，下の図のように，補助線をひく。

「平行線の錯角は等しい」を使う。

❼
(3)「三角形の内角，外角の性質」から，
∠x＋60°＝95°＋20°
(4)「三角形の内角，外角の性質」を2回使う。

❽
三角形の内角の和は180°，外角の和は360°であることを利用する。

【平行線と角⑧】

❾ 次の角の大きさを求めなさい。

□(1) 七角形の内角の和

□(2) 正九角形の1つの内角

□(3) 正十五角形の1つの外角

【平行線と角⑨】

❿ 下の図で，∠x の大きさを求めなさい。

□(1)
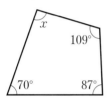

□(2)
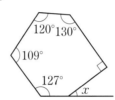

❿
(2)まず，六角形の内角
の和を求める。
(3)外角の和は $360°$ で
あることから，残り
の1つの外角を求め
る。
(4)外角の和は $360°$ で
あることから，方程
式をつくり，解く。

□(3)
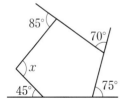

点UP □(4)
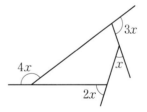

【平行線と角⑩】

⓫ 右の図で，印のついた6つの角の和を求め
□ なさい。

⓫
下の図のように補助線
をひく。

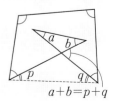

$a+b=p+q$

4章

Step 1 基本チェック : 3節 合同な図形

15分

教科書のたしかめ [ ]に入るものを答えよう!

❶ 合同な図形の性質と表し方 ▶教 p.112 Step 2 ❶

□(1) 右の図で，△ABC≡△DEF です。このとき DF=[AC]=[3 cm]

∠E=[∠B]=[75°]

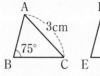

解答欄

(1) ／

／

❷ 三角形の合同条件 ▶教 p.113-115 Step 2 ❷-❹

□(2) 次のとき，それぞれどんな条件をつけ加えれば，△ABC≡△DEF になりますか。

① AC=DF，BC=EF のとき

[AB=DE]（∠C=∠F）

② ∠A=∠D，∠B=∠E のとき

[AB=DE]（AC=DF，BC=EF）

③ AB=DE，∠A=∠D のとき

[AC=DF]（∠B=∠E，∠C=∠F）

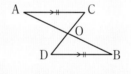

(2)①

②

③

❸ 証明のすすめ方 ▶教 p.116-121 Step 2 ❺-❾

□(3) 右の図で，AC∥DB，AC=DB ならば
△AOC≡△BOD となります。

仮定…[AC∥DB]，[AC=DB]

結論…[△AOC≡△BOD]

(3) ／

／

□(4) 「△ABC≡△DEF ならば AB=DE」ということがらの仮定と結論は，仮定…[△ABC≡△DEF]，結論…[AB=DE]である。

(4) ／

教科書のまとめ ___に入るものを答えよう!

□平面上の2つの図形について，一方を移動させることによって他方に重ね合わせることができるとき，この2つの図形は 合同 であるという。

□**合同な図形の性質**…合同な図形では，対応する 線分 や 角 は等しい。

□四角形 ABCD と四角形 A′B′C′D′ が合同であるとき，記号 ≡ を使って，
四角形 ABCD ≡ 四角形 A′B′C′D′ と表す。

□**三角形の合同条件**…2つの三角形は，次のどれかが成り立つとき合同である。

① 3組の辺 がそれぞれ等しい。

② 2組の辺とその間の角 がそれぞれ等しい。

③ 1組の辺とその両端の角 がそれぞれ等しい。

Step
2 | 予想問題 | **3節 合同な図形**

1ページ
30分

【合同な図形の性質と表し方】

❶ 右の図で，△ABC≡△A′B′C′ であるとき，
次のものを答えなさい。

☐(1)　辺 AB に対応する辺　（　　　　　　）

☐(2)　∠B に対応する角　（　　　　　　）

☐(3)　∠A′ の大きさ　（　　　　　　）

☐(4)　辺 B′C′ の長さ　（　　　　　　）

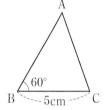
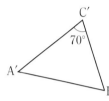

❶
(3)対応する角の大きさ
は等しいことを利用
する。
(4)対応する辺の長さは
等しい。

4章

【三角形の合同条件①】

よく出る

❷ 下の図で，合同な三角形の組を 3 組見つけ，記号 ≡ を使って表しな
☐ さい。また，そのときに使った合同条件を答えなさい。

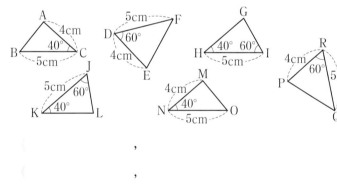

（　　　　　　，　　　　　　）

（　　　　　　，　　　　　　）

（　　　　　　，　　　　　　）

❷
合同条件にあてはめて
考える。
対称移動させて（裏返
して）重ね合わせるこ
とができる三角形もあ
る。

❌ミスに注意
合同な図形の頂点は
対応する順に書くよ
うにしよう。

【三角形の合同条件②】

❸ 次の(1)～(3)で，それぞれどんな条件をつけ加
えれば，△ABC≡△DEF になりますか。考
えられるもう 1 つの条件をすべて答えなさい。

☐(1)　BC＝EF，AB＝DE

（　　　　　　　　　　　　　）

☐(2)　CA＝FD，∠A＝∠D

（　　　　　　　　　　　　　）

☐(3)　∠C＝∠F，∠A＝∠D

（　　　　　　　　　　　　　）

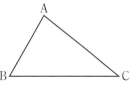
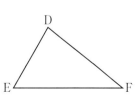

❸
合同条件にあてはまる
場合をすべてあげる。
(2)(3)三角形で，2 つの
角が決まると，もう
1 つの角も決まるこ
とに注意する。

【三角形の合同条件③】

❹ 次のそれぞれの図形で，合同な三角形の組を見つけ，記号 ≡ を使って表しなさい。また，そのときに使った合同条件を答えなさい。

ただし，それぞれの図で，同じ印をつけた辺や角は等しいとします。

□(1)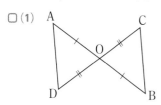

□(2)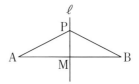

三角形〔　　　　　　　〕　　　三角形〔　　　　　　　〕

条件〔　　　　　　　〕　　　条件〔　　　　　　　〕

【証明のすすめ方①】

❺ 次のことがらについて，それぞれ仮定と結論を答えなさい。

□(1)　x が9の倍数ならば，x は3の倍数である。

仮定〔　　　　　　　　　　〕

結論〔　　　　　　　　　　〕

□(2)　△ABC≡△DEF ならば，∠C＝∠F である。

仮定〔　　　　　　　　　　〕

結論〔　　　　　　　　　　〕

【証明のすすめ方②】

❻ 右の図のように，線分 AB の垂直二等分線 ℓ 上に点 P をとるとき，PA＝PB となります。これについて，次の問に答えなさい。

□(1)　仮定と結論を答えなさい。

仮定〔　　　　　　　　　　〕

結論〔　　　　　　　　　　〕

□(2)　仮定から結論を導くには，どの三角形とどの三角形の合同をいえばよいですか。

（　　　　　　　　　　　　）

□(3)　(2)であげた2つの三角形が合同であることを示すには，三角形の合同条件のどれを使えばよいですか。

（　　　　　　　　　　　　）

〔解答 ▶ p.20〕

【証明のすすめ方③】

❼ 右の図で，AD∥BF，AD＝FC ならば，
AE＝FE となります。次の問に答えなさい。

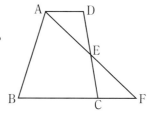

□(1)　仮定と結論を答えなさい。

　　仮定（　　　　　　　　　　　）

　　結論（　　　　　　　　　　　）

□(2)　次の（　）にあてはまるものを書き入れて，証明を完成させなさい。

〔証明〕　△ADE と（㋐　　　　　）において

　　仮定から AD＝FC　……①

　　平行線の（㋑　　　　　）から

　　∠EAD＝（㋒　　　）　……②

　　∠EDA＝（㋓　　　）　……③

　　①，②，③より，（㋔　　　　　）がそれぞ

れ等しいから

　　△ADE≡（㋕　　　）　　これより　AE＝（㋖　　　）

❼
「平行線と角」で習った
ことを利用する。
記号は対応する頂点
の順に書く。

テスト得ダネ
仮定と結論を答えて
から証明をする問題
はよく出るよ。仮定
と結論をしっかり確
認してから証明する
習慣をつけよう。

4章

【証明のすすめ方④】

❽ 右の図で，OA＝OB，OC＝OD です。
これについて，次の問に答えなさい。

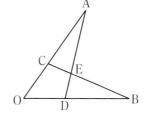

□(1)　△OAD と合同な三角形はどれですか。
また，この証明をするときに使う三
角形の合同条件を答えなさい。

　　　　　三角形（　　　　　）

　　　　　合同条件（　　　　　　　　　　）

□(2)　(1)の2つの三角形が合同であることを使うと，どの三角形とどの
三角形が合同であるといえますか。

　　　　　（　　　　　　　　　　）

❽
(1)∠O が共通であるこ
とに注意する。
(2)対応する辺や角は等
しい。
CA＝OA－OC で
ある。

【証明のすすめ方⑤】

❾ 右の図で，△ABC と △APQ はともに
正三角形です。このとき，BP＝CQ と
なることを証明しなさい。

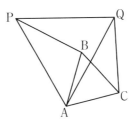

❾
まず，仮定，結論を
はっきりさせる。
次に，正三角形の3辺
の長さは等しいことに
注目する。

Step 3　予想テスト　**4章 平行と合同**

⏱ 30分　／100点　目標 80点

❶ 次の問に答えなさい。知　　12点（各3点）

☐（1）　正十角形の1つの内角の大きさを求めなさい。

☐（2）　十八角形の内角の和を求めなさい。

☐（3）　内角の和が 2160° である多角形は何角形ですか。

☐（4）　1つの外角が 24° である正多角形は正何角形ですか。

❷ 右の図の直線のうち，平行であるものを記号 ∥ を使って
☐ すべて示しなさい。知　　8点

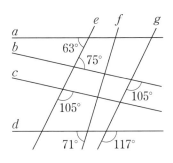

❸ 下の図で，ℓ ∥ m のとき，∠x の大きさを求めなさい。知　　24点（各4点）

☐（1）　　　　　　☐（2）　　　　　　☐（3）

x　55°　　　　　x 64° 122°　　　　118° 114° 98° x 100°

☐（4）　　　　　　☐（5）　　　　　　☐（6）

33° 50° 45° x

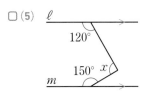

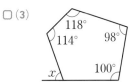

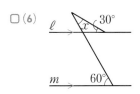

❹ 右の図について，次の問に答えなさい。知　　12点（各4点）

☐（1）　∠x，∠y の大きさを求めなさい。

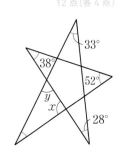

☐（2）　色をつけた角の大きさの和を求めなさい。

❺ 次のそれぞれの図形で，合同な三角形の組を見つけ，記号 ≡ を使って表しなさい。また，そのときに使った合同条件を答えなさい。ただし，それぞれの図で，同じ印をつけた辺や角は等しいとします。🔲

24点(各4点)

□(1) 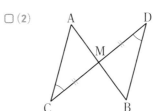　　　□(2) 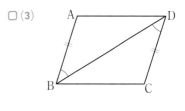　　　□(3)

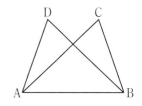

 ❻ 右の図で，CA＝DB，∠CAB＝∠DBA ならば BC＝AD となります。このことを証明しなさい。🔲

20点

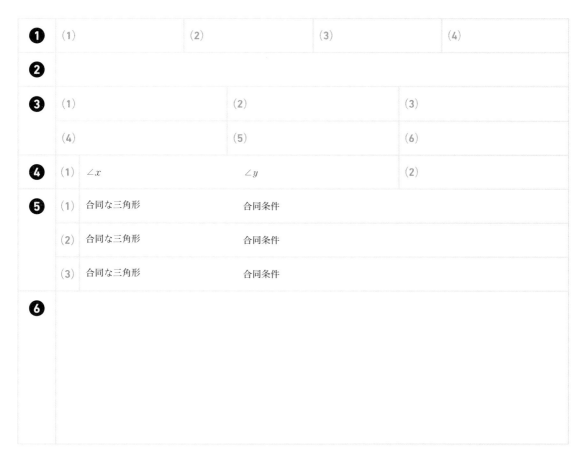

❶	(1)		(2)		(3)		(4)	
❷								
❸	(1)		(2)			(3)		
	(4)		(5)			(6)		
❹	(1)	∠x		∠y			(2)	
❺	(1)	合同な三角形		合同条件				
	(2)	合同な三角形		合同条件				
	(3)	合同な三角形		合同条件				
❻								

Step 1 基本チェック ・ 1節 三角形

15分

教科書のたしかめ　[ ]に入るものを答えよう！

❶ 二等辺三角形の性質　▶ 教 p.128-132　Step 2 ❶-❸

解答欄

□(1)　右の図1で，∠B＝70°のとき　図1
　　　∠C＝[70°]，∠A＝[40°]

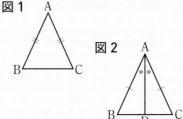

□(2)　右の図2で，AB＝[AC]，　図2
　　　∠BAD＝[∠CAD]ならば
　　　[BD]＝[CD]，AD[⊥]BC

□(3)　正三角形の定義は，「3つの[辺]が等しい三角形」である。

(1)

(2)

(3)

❷ 二等辺三角形になるための条件　▶ 教 p.133-135　Step 2 ❹-❻

□(4)　右の △ABC は，∠B＝[65°]＝∠[C]である
　　　から，[AB＝AC]の[二等辺三角形]である。

□(5)　頂角が60°の二等辺三角形は，底角が[60°]
　　　であるから，[正三角形]である。

□(6)　「$x≦4$ ならば $x<10$」の逆は，[$x<10$]ならば[$x≦4$]

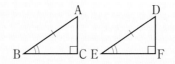

(4)

(5)

(6)

❸ 直角三角形の合同　▶ 教 p.136-138　Step 2 ❼-❿

□(7)　右の2つの直角三角形の合同を証明
　　　するために使う直角三角形の合同条
　　　件は
　　　[斜辺と1つの鋭角がそれぞれ等しい。]

(7)

教科書のまとめ　＿＿に入るものを答えよう！

□ことばの意味をはっきりと述べたものを 定義 という。

□証明されたことがらのうちで，大切なものを 定理 という。

□右の図のような AB＝AC の二等辺三角形で，長さの等しい2つの辺の間の角
　を 頂角 （∠A），頂角に対する辺を底辺(BC)，底辺の両端の角を 底角 （∠Bと∠C）という。

□二等辺三角形の底角は等しい。また， 2つの角 が等しい三角形は，等しい2つの角を
　底角 とする 二等辺三角形 である。

□ある定理の仮定と結論を入れかえたものを，その定理の 逆 という。

□あることがらが成り立たない例を 反例 という。

□直角三角形の直角に対する辺を 斜辺 という。

Step 2　予想問題　1節 三角形

1ページ
30分

【二等辺三角形の性質①】

❶ 下のそれぞれの図で，同じ印をつけた辺や角は等しいとして，$\angle x$ の大きさを求めなさい。

ヒント

❶
二等辺三角形の底角は等しい。どれが底角か見きわめること。

☐(1)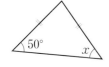

☐(2)

☐(3)

(　　　　　)　　(　　　　　)　　(　　　　　)

☐(4)

☐(5)

☐(6)

(　　　　　)　　(　　　　　)　　(　　　　　)

【二等辺三角形の性質②】

❷ 右の図の △ABC は AB＝AC の二等辺三角形で，BC⊥AD ならば，BD＝CD であることを証明したい。次の問に答えなさい。

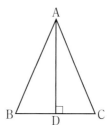

❷
(2)△ABD≡△ACD
　を証明する。

☐(1) 仮定と結論を答えなさい。

　　仮定(　　　　　　　　　　　)

　　結論(　　　　　　　　　　　)

☐(2) 結論を証明しなさい。

【二等辺三角形の性質③】

❸ 正三角形 ABC の辺 BC 上に点 D をとり，AD を 1 辺とする正三角形 ADE をつくるとき，BD＝CE であることを証明しなさい。

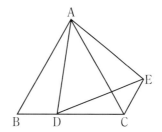

❸
BD と CE が対応する辺となるような合同な三角形を見つける。

【二等辺三角形になるための条件①】

❹ △ABC の ∠B, ∠C の二等分線の交点を
D とします。DB＝DC ならば △ABC は二
等辺三角形であることを証明しなさい。

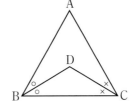

❹
三角形の 2 つの角が等
しければ，その三角形
は二等辺三角形である。

【二等辺三角形になるための条件②】

よく出る

❺ AB＝AC である二等辺三角形 ABC で，辺
AC，AB 上に DC＝EB となる点 D，E をとり，
BD と CE の交点を P とします。このとき，
△PBC は二等辺三角形になることを証明しな
さい。

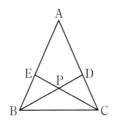

❺
まず，△DBC≡△ECB
を証明して，∠PBC
＝∠PCB を導く。

【二等辺三角形になるための条件③】

❻ 次の(1)〜(3)について，それぞれの逆を答えなさい。また，それが正し
いかどうかも答えなさい。

□(1)　2 直線が平行ならば，錯角は等しい。

（　　　　　　　　　　　　　　，　　　　）

□(2)　正方形の 4 つの辺の長さは等しい。

（　　　　　　　　　　　　　　，　　　　）

□(3)　4 の倍数は偶数である。

（　　　　　　　　　　　　　　，　　　　）

❻
まず，仮定と結論に分
けてから結論と仮定を
入れかえる。
正しくないことが 1 つ
でもあれば，そのこと
がらは正しいとはいえ
ない。
(2) 4 つの辺が等しくて
　も正方形でない図形
　がある。

【直角三角形の合同①】

❼ 右の図で，合同な三角
形はどれとどれですか。
記号 ≡ を使って表し
なさい。

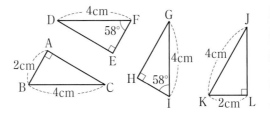

❼
合同な図形を表すとき
は，対応する頂点の順
に書く。

（　　　　　　　　　　　　　　　　）

【直角三角形の合同②】

❽ 右の図で，2辺 OA，OB から等しい距離に
□ ある点を P とし，P から 2辺 OA，OB に垂
線をひいて，OA，OB との交点をそれぞれ
C，D とします。このとき，OP は ∠AOB
の二等分線であることを証明しなさい。

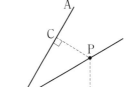

ヒント

❽
2つの直角三角形 COP
と DOP の合同を証明
して，∠COP＝∠DOP
を導く。

【直角三角形の合同③】

❾ AB＝AC の二等辺三角形 ABC において，
□ 辺 BC の中点 M から 2辺 AB，AC に垂線
をひき，AB，AC との交点をそれぞれ P，
Q とします。このとき，MP＝MQ であるこ
とを証明しなさい。

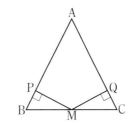

❾
△ABC は二等辺三角
形であるから，底角
∠B と ∠C は等しい。

【直角三角形の合同④】

❿ AB＝AC である △ABC の頂点 B，C から
2辺 AC，AB に垂線をひき，AC，AB と
の交点をそれぞれ D，E とし，BD，CE の
交点を F とします。次の問に答えなさい。

□(1)　AD＝AE であることを証明しなさい。

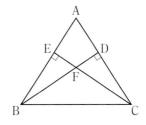

❿
△ABC は二等辺三角
形である。定義や定理
を使って証明をすすめ
ていく。
(2)二等辺三角形の 2 つ
の底角が等しいこと
と，(1)の証明から，
∠ABD と ∠ACE
が等しいことがわか
る。

✕ ミスに注意

証明の問題では，証
明すべき結論を証明
の途中で使うことは
できないことに注意
しよう。

□(2)　△FBC は，どんな三角形になりますか。そのわけも答えなさい。

□(3)　点 D と点 E を結ぶとき，(1)で証明したことから，さらにわかる
ことを答えなさい。

Step 1 基本チェック　2節 平行四辺形

⏱ 15分

教科書のたしかめ　[ ]に入るものを答えよう！

❶ 平行四辺形の性質　▶教 p.140-142　Step 2 ❶-❸

解答欄

□(1)　下の平行四辺形で，x，y の値を求めなさい。

①　② 6cm 10cm 4cm $y$cm $x$cm

① $x=[\ 25\ ]$　$y=[\ 115\ ]$　② $x=[\ 5\ ]$　$y=[\ 4\ ]$

(1)①

②

❷ 平行四辺形になるための条件　▶教 p.143-147　Step 2 ❹❺

□(2)　右の四角形が平行四辺形になるようにしなさい。

① AB＝DC，$[\ AD\ ]＝[\ BC\ ]$

② ∠ABC＝∠CDA，∠BAD＝$[\ ∠DCB\ ]$

③ AO＝$[\ CO\ ]$，BO＝$[\ DO\ ]$

④ AD∥$[\ BC\ ]$，AD＝$[\ BC\ ]$

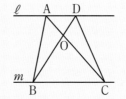

(2)①

②

③

④

❸ 特別な平行四辺形　▶教 p.148-150　Step 2 ❻❼

□(3)　▱ABCD に ∠A＝90°の条件を加えると[長方形]になる。

□(4)　▱ABCD に AB＝BC の条件を加えると[ひし形]になる。

□(5)　▱ABCD に長方形とひし形の性質を加えると[正方形]になる。

(3)

(4)

(5)

❹ 平行線と面積　▶教 p.153-154　Step 2 ❽-❿

□(6)　右の図で，$\ell \parallel m$ のとき

△ABC と[△DBC]の面積は等しい。

△ABD と[△ACD]の面積は等しい。

△OAB と[△ODC]の面積は等しい。

(6)

ℓ A D O m B C

教科書のまとめ　＿＿＿に入るものを答えよう！

□ 平行四辺形の定義… 2組の対辺 がそれぞれ 平行な四角形 。

□ 平行四辺形の性質…右の ▱ABCD で

AD＝ BC ，AB＝ DC ，∠BAD＝ ∠DCB ，∠ABC＝ ∠CDA

また，対角線 AC，BD は，それぞれの 中点 で交わる。

□ 長方形の定義… 4つの角 がすべて 等しい 四角形。

□ ひし形の定義… 4つの辺 がすべて 等しい 四角形。

□ 正方形の定義… 4つの角 がすべて 等しく， 4つの辺 が

すべて等しい四角形。

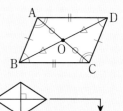

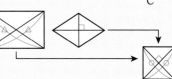

Step 2　**予想問題**　**2節 平行四辺形**

1ページ **30分**

【平行四辺形の性質①】

❶ 下の □ABCD で，x の値をそれぞれ求めなさい。

□(1)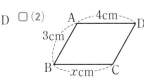

□(2)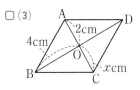

□(3)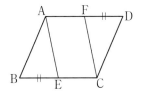

(　　　　　　)　(　　　　　　)　(　　　　　　)

ヒント

❶
平行四辺形では
(1) 2組の対角はそれぞ
　 れ等しい。
(2) 2組の対辺はそれぞ
　 れ等しい。
(3) 対角線はそれぞれの
　 中点で交わる。

【平行四辺形の性質②】

❷ 右の図の □ABCD で，BE＝DF のとき，
AE＝CF となることを，次のように証明しま
した。□□□ にあてはまるものを答えなさい。

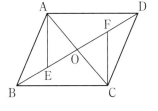

【証明】　△ABE と ⑦□□ において

平行四辺形の対辺はそれぞれ等しいから　AB＝ ④□□　……①

平行四辺形の対角はそれぞれ等しいから　∠B＝ ⑦□□　……②

仮定から　　　　　　　　　　　　　　　BE＝ ⑨□□　……③

①，②，③より， ⑦□□□□□□□□□ がそれぞれ等しいから

　　△ABE ≡ ⑦□□

合同な図形の対応する辺は等しいから，　AE＝ ⑦□□

⑦(　　　)　④(　　　)　⑦(　　　)

⑨(　　　)　⑦(　　　)　⑦(　　　)

❷
△ABE と △CDF に
ついて，合同の証明を
すすめていく。

【平行四辺形の性質③】

❸ □ABCD の対角線 BD 上に，OE＝OF と
なるように2点 E，F をとると，AE＝CF
となります。このことを証明したい。

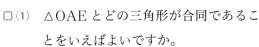

□(1)　△OAE とどの三角形が合同であるこ
とをいえばよいですか。

(　　　　　　　　　　　)

□(2)　AE＝CF となることを証明しなさい。

❸
「平行四辺形では，対
角線はそれぞれの中点
で交わる。」を使って証
明する。

【平行四辺形になるための条件①】

❹ 四角形 ABCD の対角線の交点を O とする
□ とき，次の⑦～⑰で，いつでも平行四辺形
になるものはどれですか。

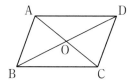

⑦　AB∥DC

④　∠A＋∠B＝∠B＋∠C＝180°

⑰　AB＝DC，AD＝BC

⊕　AC＝BD

㋑　AO＝CO，BO＝DO

㋕　AB＝BC＝4 cm，CD＝DA＝3 cm

（　　　　　　　　　　）

❹
平行四辺形になるため
の条件にあてはめる。

【平行四辺形になるための条件②】

❺ 右の図の □ABCD で，対角線 AC，BD
□ の交点を O とします。OA，OB，OC，
OD の中点を P，Q，R，S とするとき，
四角形 PQRS は平行四辺形であることを
証明しなさい。

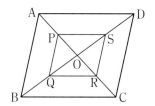

❺
P は OA の中点，R は
OC の中点であるから，
O は PR の中点である。

テスト得ダネ

平行四辺形の性質を
利用した証明，平行
四辺形になるための
条件を利用した証明
は，いずれもよく出
るよ。仮定と結論を
確認してから証明す
るようにしよう。

【特別な平行四辺形①】

❻ 「対角線が垂直に交わる平行四辺形は，ひし
□ 形である」ことを，次のように証明しました。
　　　　をうめて，証明を完成させなさい。

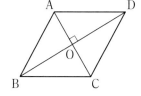

❻
となり合う 2 辺の長さ
が等しい平行四辺形は
ひし形となる。

【証明】　□ABCD の対角線の交点を O と
する。

　　△ABO と △ADO において

　　仮定から　∠AOB＝∠AOD＝90°　……①

　　AO は共通　……②

　　平行四辺形の対角線はそれぞれの中点で交わるから

　　　BO＝ ⑦ 　　　……③

　　①，②，③より， ④ 　　　　　　がそれぞれ等しいから

　　　　△ABO≡△ADO　したがって　AB＝ ⑰ 　……④

　　また，平行四辺形では，2 組の ⊕ 　　はそれぞれ等しいから

　　　AB＝DC，AD＝BC　……⑤

　　④，⑤より　AB＝DC＝AD＝BC

　　4 つの辺がすべて等しいから，□ABCD はひし形である。

【特別な平行四辺形②】

❼ □ABCD の頂点 A から，辺 BC，CD へ
ひいた垂線をそれぞれ AE，AF とします。
BE＝DF のとき，□ABCD はひし形で
あることを証明しなさい。

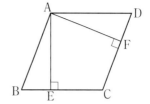

💡ヒント

❼
△ABE≡△ADF を
証明する。
4 つの辺が等しい四角
形はひし形である。

直角三角形の合同条
件を使って証明する
には，斜辺が等しい
ことがいえないとい
けないことに注意し
よう。

【平行線と面積①】

❽ 右の図の □ABCD で，EF∥AC です。
このとき，△ACF と面積の等しい三
角形をすべて見つけ，式で表しなさ
い。

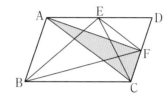

❽
「底辺と高さの等しい
2 つの三角形の面積は
等しい」ことを利用す
る。

(　　　　　　　　　)

【平行線と面積②】

❾ 右の図の □ABCD で，辺 DC 上に，
DP：PC＝3：2 となる点 P をとります。こ
のとき，△APD と □ABCD の面積の比を
求めなさい。

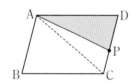

❾
高さが等しい三角形の
面積の比は，底辺の比
になる。

(　　　　　　　　　)

【平行線と面積③】

❿ 右の図の四角形 ABCD で，点 E は辺 BC
の延長線上の点で，AC∥DE です。また，
P は辺 BC 上の点です。次の問に答えな
さい。

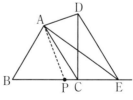

❿
⑴面積を変えずに形を
　変えるから，△ACD
　＝△ACE を示す。
⑵直線 AP は △ABE
　の面積を 2 等分する。

☐⑴　四角形 ABCD＝△ABE となることを証明しなさい。

☐⑵　直線 AP が四角形 ABCD の面積を 2 等分するとき，点 P は
①　　 の ②　　 である。□　　 にあてはまるものを答えなさい。

①(　　　　) ②(　　　　)

Step 3 予想テスト　**5 章 三角形と四角形**

30分　目標 80点　/100点

❶ 下のそれぞれの図で，同じ印をつけた辺は等しいとして，∠x の大きさを求めなさい。

知　12 点(各 3 点)

□(1)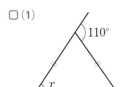

□(2)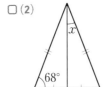

□(3)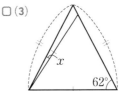

□(4)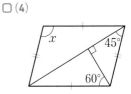

❷ 次の問に答えなさい。知

20 点(各 4 点)

(1) 右の図の AB＝AC の二等辺三角形 ABC で，∠DBC＝∠ECB の
とき，DC＝EB となることを証明したい。

□① どの三角形とどの三角形の合同をいえばよいですか。

□② ①の証明をするときに使う合同条件を答えなさい。

□③ △PBC はどんな三角形ですか。

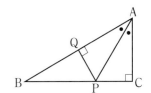

(2) 右の図の直角三角形 ABC で，∠A の二等分線と辺 BC との
交点を P とし，P から辺 AB に垂線 PQ をひくとき，PC＝PQ
となることを証明したい。

□① どの三角形とどの三角形の合同をいえばよいですか。

□② ①の証明をするときに使う合同条件を答えなさい。

❸ 次の(1)，(2)について，それぞれの逆を答えなさい。また，それが正しいかどうかも答えなさ
い。考　20 点(各逆 6 点，正誤 4 点，正誤は逆が正解のときのみ採点)

□(1) 平行四辺形の 2 組の対辺の長さは，それぞれ等しい。

□(2) $x<0$，$y>0$ ならば，$xy<0$ である。

❹ 次の(1)，(2)の図で，色をつけた三角形と面積が等しい三角形を答えなさい。知

□(1)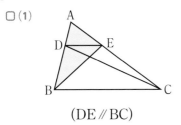

（DE∥BC）

□(2) 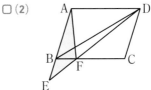　20 点(各 10 点)

（四角形 ABCD は平行四辺形）

❺ 右の図のような □ABCD で, ∠BAD, ∠DCB の二等分線と辺 BC, AD との交点をそれぞれ E, F とします。このとき, 四角形 AECF が平行四辺形となることを証明しなさい。[考] 　12点

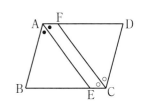

❻ 右の図のように, 鋭角三角形 ABC の外側に, 辺 AB, AC を 1 辺とする正方形 ADEB, ACGF をつくり, 点 B と F, 点 C と D を結ぶ。このとき, BF＝DC となることを証明しなさい。[考] 　16点

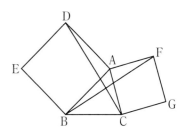

❶	(1)		(2)		(3)		(4)	
❷	(1)	①		②				
		③						
	(2)	①		②				
❸	(1)							
	(2)							
❹	(1)							
	(2)							
❺								
❻								

Step 1 基本チェック

1節 確率
2節 確率による説明

15分

教科書のたしかめ　[ ]に入るものを答えよう！

1節 ❶ 同様に確からしいこと　▶教 p.162-166　Step 2 ❶❷

解答欄

□(1) さいころを投げるとき，目の出方は全部で[6]通りあり，この
うち，2の目が出る場合は[1]通りであるから，2の目が出る
確率は $\left[\dfrac{1}{6}\right]$

(1) _____

□(2) さいころを投げるとき，5以上の目が出る場合は[2]通りであ
るから，5以上の目が出る確率は $\dfrac{2}{6}=\left[\dfrac{1}{3}\right]$

(2) _____

□(3) さいころを投げるとき，4の倍数の目が出る確率は $\left[\dfrac{1}{6}\right]$

(3) _____

□(4) 1枚の10円硬貨を2回投げるとする。表，裏
が出ることを，それぞれ㋐，㋒と表して，右の
ような[樹形図]をかくと，2回とも表が出る
確率は $\left[\dfrac{1}{4}\right]$

(4) _____

```
1回目 2回目
 ㋐ < ㋐
     ㋒
 ㋒ < ㋐
     ㋒
```

1節 ❷ いろいろな確率　▶教 p.167-169　Step 2 ❸-❺

□(5) いくつかの球が入っている袋の中から球を1個取り出すとき，
それが赤球である確率が $\dfrac{3}{10}$ であるとする。取り出した球が赤
球でない確率は $\left[\dfrac{7}{10}\right]$ である。

(5) _____

2節 確率による説明　▶教 p.173

□(6) 4本のうち2本のあたりくじが入っているくじで，A，Bがこの
順に1本ずつくじをひくとき，A，Bのあたる確率は[同じ]。

(6) _____

教科書のまとめ　＿＿に入るものを答えよう！

□起こりうる場合が全部で n 通りあり，どの場合が起こることも 同様に確からしい とする。そ
のうち，ことがら A の起こる場合が a 通りあるとき，

A の起こる確率 p は，　$p=\dfrac{a}{n}$ となる。

□かならず起こることがらの確率は 1 ，決して起こらないことがらの確率は 0 である。

□ (A の起こらない確率)＝1－(A の起こる確率)

Step
2 予想問題 ● 1節 確率
● 2節 確率による説明

30分

【同様に確からしいこと①】

❶ 次の文のうち，正しいといえるものはどれですか。

㋐　1つのさいころを6回投げると，2の目は1回かならず出る。

㋑　10円硬貨を3000回投げる実験をすると，表が出る相対度数は0.5
に近づく。

（　　　　　）

● ヒント

❶
確率の意味を考える。

【同様に確からしいこと②】

❷ 次の確率を求めなさい。

(1)　1つのさいころを投げるとき，1または2の目が出る確率

(2)　3本のあたりくじが入っている10本のくじから1本ひくとき，
あたりくじをひく確率

(3)　13枚のダイヤのトランプから1枚ひくとき，ハートである確率

(4)　A，B，C，Dの4人のなかから，くじびきで2人の当番を選ぶ
とき，Aが当番に選ばれる確率

(1)（　　　　　）　(2)（　　　　　）　(3)（　　　　　）　(4)（　　　　　）

❷
起こりうる場合が全部
で何通りあるかを考え
る。

(3)決して起こらないこ
とがらの確率は0で
ある。

(4)起こりうる場合は全
部で6通りある。

6章

【いろいろな確率①】

❸ 大小2つのさいころを投げるとき，次の確率を求めなさい。

(1)　出た目の数の和が8となる確率　　　　　（　　　　　）

(2)　出た目の数の差が4となる確率　　　　　（　　　　　）

(3)　出た目の数の和が3にならない確率　　　（　　　　　）

❸
❌ ミスに注意
(大，小)＝(a, b)と
(b, a)は異なる目の
出方であることに注
意しよう。

【いろいろな確率②】

❹ 5本のうち2本のあたりくじが入っているくじがあります。A，Bの
2人がこの順に1本ずつくじをひくとき，次の問に答えなさい。

(1)　くじのひき方は全部で何通りありますか。

（　　　　　）

(2)　2人ともあたる確率を求めなさい。

（　　　　　）

❹
📖 テスト得ダネ
くじをひくときの確
率の問題はよく出る
よ。同じあたりくじ，
同じはずれくじでも，
区別して考えること
がポイントだよ。

【いろいろな確率③】

❺ A，B，Cの3人の男子と，D，Eの2人の女子がいます。男子のな
かから1人，女子のなかから1人をくじびきで選びます。このとき，
AとDが選ばれる確率を求めなさい。　　　　　（　　　　　）

❺
{A, D}, {D, A}の
選び方は同じである。

Step 3　予想テスト　6章 確率

 30分　／100点　目標 70点

❶ 次の文が正しいときには〇，正しくないときには×を書きなさい。知　15点(各5点)

☐(1)　縦，横，高さのちがう直方体の各面に 1 から 6 までの目を 1 つずつかいたものを投げるとき，それぞれの目が出る確率は同じである。

☐(2)　さいころを 600 回投げると，5 の目はかならず 100 回出る。

☐(3)　100 円硬貨を 1 回投げるとき，表または裏が出る確率は 1 である。

❷ 1 つのさいころを投げるとき，次の確率を求めなさい。知　15点(各5点)

☐(1)　5 の目が出る確率

☐(2)　2 の倍数の目が出る確率

☐(3)　6 の約数の目が出る確率

❸ A，B，C，D の 4 人のなかから，くじびきで 2 人の委員を選ぶとき，次の問に答えなさい。知

10点(各5点)

☐(1)　委員の選び方は何通りあるか，樹形図を完成させて答えなさい。

☐(2)　B が選ばれる確率を求めなさい。

❹ ①，②，③，④，⑤の 5 枚のカードがあります。このカードをよくきってから 1 枚ずつ 2 回続けてひき，ひいた順にカードを並べて，2 けたの整数をつくります。知　12点(各6点)

☐(1)　できる整数が偶数になる確率を求めなさい。

☐(2)　できる整数が奇数になる確率を求めなさい。

❺ 5 本のうち 2 本のあたりくじが入っているくじがあります。A，B の 2 人がこの順に 1 本ずつくじをひくとき，次の問に答えなさい。考　18点(各6点)

☐(1)　A のあたる確率を求めなさい。

☐(2)　A があたり，B がはずれる確率を求めなさい。

☐(3)　A と B のどちらのほうがあたる確率が大きいですか。

❻ 袋の中に，赤球2個，白球2個，青球1個が入っています。この袋の中から球を同時に2個取り出すとき，2個とも同じ色である確率を求めなさい。🈦　　　　　　　　6点

❼ 大小2つのさいころを投げて，大きいさいころの出た目の数を x，小さいさいころの出た目の数を y とします。考　　　　　　12点(各6点)

(1)　$x+y=5$ が成り立つ確率を求めなさい。

(2)　$\dfrac{y}{x}$ が整数になる確率を求めなさい。

❽ 右の図のような正三角形 ABC があります。点 P は頂点 A の位置にあり，さいころを投げるごとに出た目の数だけ頂点を A，B，C，A，B，…の順に動きます。さいころを2回投げるとき，次の問に答えなさい。考　　12点(各6点)

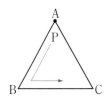

(1)　1回目に2，2回目に4の目が出たとき，点 P はどの頂点にありますか。

(2)　点 P の最後の位置が点 B である確率を求めなさい。

❶	(1)		(2)		(3)
❷	(1)		(2)		(3)
❸	(1) 樹形図　　　　　　　　選び方				(2)
	A〈 B C D				
❹	(1)		(2)		
❺	(1)		(2)		(3)
❻					
❼	(1)		(2)		
❽	(1)		(2)		

Step 1	基本チェック	1節 四分位範囲と箱ひげ図	15分

教科書のたしかめ　[　]に入るものを答えよう！

❶ 四分位範囲と箱ひげ図　▶ 教 p.180-185　Step 2 ❶-❻

解答欄

☐(1)　次のデータは，10個のたまごの重さを調べ，軽いほうから順に
整理したものです。

61　62　63　64　64　65　65　65　67　67　（単位　g）

このデータの最小値は[61]g，最大値は[67]g

第2四分位数は，データの個数が偶数であるから，中央値は5番
目と6番目の平均値を求めて，

$(64＋65)÷2＝[64.5](g)$

第1四分位数は，最小値をふくむほうの5個のデータの中央値
であり，3番目の値で[63]g

第3四分位数は，最大値をふくむほうの5個のデータの中央値
であり，8番目の値で[65]g

(1)

☐(2)　(1)のデータの箱ひげ図をかきなさい。

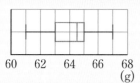

(2)

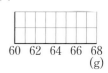

☐(3)　(1)のデータの範囲は，67−61＝[6](g)

(3)

☐(4)　（四分位範囲）＝（第3四分位数）−（[第1四分位数]）より，

(1)のデータの四分位範囲は[2]g

(4)

教科書のまとめ　＿＿に入るものを答えよう！

☐ データを小さい順にならべて4等分したときの，3つの区切りの値を 四分位数 といい，小さ
いほうから順に，第1四分位数，第2四分位数，第3四分位数 という。

第2四分位数は，中央値 のことである。

☐ 四分位数を，最小値，最大値とともに，右の図のように表
したものを 箱ひげ図 という。

☐ 箱ひげ図の箱の部分には，すべてのデータのうち真ん中に
集まる約 半数 のデータがふくまれている。

☐ 第3四分位数から第1四分位数をひいた値を 四分位範囲
という。

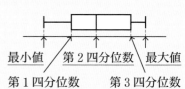

最小値　第2四分位数　最大値
第1四分位数　　　第3四分位数

Step 2 予想問題 ： **1節 四分位範囲と箱ひげ図**

1ページ
30分

【四分位範囲と箱ひげ図①】

❶ 下の箱ひげ図を見て，あとの問に答えなさい。

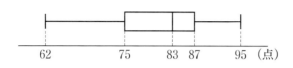

62　　75　　83　87　　95 (点)

☐(1)　最小値と最大値を求めなさい。

（最小値　　　　　　　，最大値　　　　　　　）

☐(2)　四分位数を求めなさい。

　　　　　　　第1四分位数
　　　　　　　第2四分位数
　　　　　　　第3四分位数

☐(3)　範囲と四分位範囲を求めなさい。

（範囲　　　　　　　，四分位範囲　　　　　　　）

【四分位範囲と箱ひげ図②】

よく出る

❷ 下のデータは，16人の生徒が6か月間に読んだ本の冊数を調べ，少ないほうから順に整理したものです。このデータについて，あとの問に答えなさい。

2　3　5　6　8　8　10　13　13　16　16　20　24　24　26　30

（単位　冊）

☐(1)　四分位数を求めなさい。

　　　　　　　第1四分位数
　　　　　　　第2四分位数
　　　　　　　第3四分位数

☐(2)　四分位範囲を求めなさい。

（　　　　　　　）

☐(3)　箱ひげ図をかきなさい。

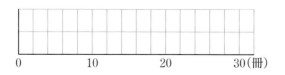

0　　　　10　　　　20　　　　30(冊)

ヒント

❶
(1)ひげの左端が最小値，ひげの右端が最大値
(2)箱の左端が第1四分位数，右端が第3四分位数，第2四分位数は箱の中の線で表される。

(3)
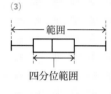
範囲
四分位範囲

7章

❷
(1)はじめに中央値（第2四分位数）を求める。データの総数が16個で偶数だから，8番目と9番目の平均値を求める。

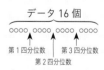
データ 16個
○○○○ ○○○○ ○○○○ ○○○○
第1四分位数　　第3四分位数
第2四分位数

✕ ミスに注意
データが偶数個のときの中央値の求め方に注意しよう。

【四分位範囲と箱ひげ図③】

❸ 次のヒストグラムは，⑦〜⑦の箱ひげ図のいずれかに対応しています。
その箱ひげ図を記号で答えなさい。

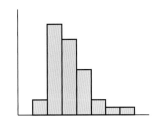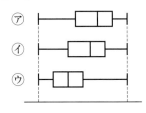

ヒント

❸
ヒストグラムの分布の
形から，箱の位置を考
える。

(　　　　　　)

【四分位範囲と箱ひげ図④】

❹ 下の図は，1組と2組の生徒それぞれ30人が，先月1か月間に図書
室を利用した回数の分布のようすを箱ひげ図に表したものです。この
とき，箱ひげ図から読みとれることとして正しくないものを1つ選び，
記号で答えなさい。

❹
テスト得ダネ
箱ひげ図の読みとり
はよく出るよ。ひげ
の両端，箱の両端，
箱の中の線が何を表
しているか，しっか
り確認しておこう。

⑦　図書室を利用した回数のデータの散らばり方は，1組のほうが大
きい。

⑦　図書室を利用した回数のデータの四分位範囲は，2組のほうが小
さい。

⑦　どちらも図書室を利用した回数が4回以下の生徒がかならずいる。

⑦　どちらも図書室を利用した回数が10回の生徒の人数が，いちば
ん多い。

(　　　　　　)

［解答 ▶ p.31］

【四分位範囲と箱ひげ図⑤】

⑤ バスケットボールクラブに所属する 30 人の部員を，10 人ずつ A，B，C 3 つのグループに分け，各グループの 10 人それぞれが 20 回ずつシュートをして，成功した回数をまとめました。下の図は，その箱ひげ図です。3 つのグループで試合をしたとき，優勝するのはどのチームか予想し，そう考えた理由を説明しなさい。

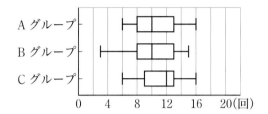

優勝チーム（　　　　　　）

説明（

）

⑤

箱ひげ図からわかることとして，
　範囲
　四分位範囲
　中央値
などがある。
これらのどれを比べれば，たくさん得点できるチームであるといえるかを考える。

【四分位範囲と箱ひげ図⑥】

⑥ 下の図は，あるスーパーで，9 月の 30 日間について，1 日に売れた炭酸飲料と茶系飲料の本数を調べ，その分布のようすを 10 日ごとにまとめて箱ひげ図に表したものです。（　）内の温度は，それぞれの 10 日間の平均気温を表しています。
炭酸飲料と茶系飲料の売れる本数と気温の関係について，どのようなことがいえますか。簡単に説明しなさい。

⑥

ひげの長さ，箱の位置，中央値の位置などに着目して比べる。

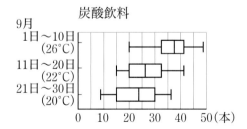

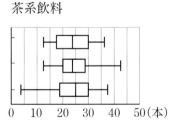

（

）

Step 3 予想テスト 7章 データの比較

⏱ 20分 ／50点 目標 40点

❶ 次のデータは，A，B 2 つのグループの生徒のハンドボール投げの記録を調べ，短いほうから順に整理したものです。このデータについて，あとの問に答えなさい。🈩 　　　38 点

A グループ　　14　16　17　19　19　21　22　28　32

B グループ　　12　15　16　17　18　20　26　34　　　（単位　m）

☐ (1)　それぞれのグループのデータの四分位数を求めなさい。　　　18 点(各 3 点)

☐ (2)　それぞれのグループのデータの四分位範囲を求めなさい。　　　8 点(各 4 点)

☐ (3)　それぞれのグループのデータの箱ひげ図をかきなさい。　　　8 点(各 4 点)

☐ (4)　データの散らばりを分布の範囲でみると，程度が大きいのはどちらのグループですか。

4 点

❷ 次の(1)～(3)のヒストグラムは，⑦～⑨の箱ひげ図のいずれかに対応しています。その箱ひげ図を記号で答えなさい。🈩　　　12 点(各 4 点)

☐ (1) 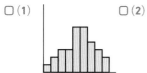　☐ (2) 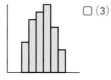　☐ (3)

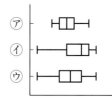

❶	(1)	A グループ 第 1 四分位数		第 2 四分位数	第 3 四分位数	
		B グループ 第 1 四分位数		第 2 四分位数	第 3 四分位数	
	(2)	A グループ		B グループ		
	(3)	A グループ B グループ 10 12 14 16 18 20 22 24 26 28 30 32 34 (m)				
	(4)					
❷	(1)		(2)		(3)	

❶ ／38点　❷ ／12点

［解答 ▶ p.32］

成績評価の観点　🈩…数量や図形などについての知識・技能　🈥…数学的な思考・判断・表現

テスト前 ☑ やることチェック表

① まずはテストの目標をたてよう。頑張ったら達成できそうなちょっと上のレベルを目指そう。
② 次にやることを書こう（「ズバリ英語○ページ，数学○ページ」など）。
③ やり終えたら□に✔を入れよう。
　最初に完ぺきな計画をたてる必要はなく，まずは数日分の計画をつくって，
　その後追加・修正していっても良いね。

	目標		

	日付	やること1	やること2
2週間前	/	☐	☐
	/	☐	☐
	/	☐	☐
	/	☐	☐
	/	☐	☐
	/	☐	☐
	/	☐	☐
1週間前	/	☐	☐
	/	☐	☐
	/	☐	☐
	/	☐	☐
	/	☐	☐
	/	☐	☐
	/	☐	☐
テスト期間	/	☐	☐
	/	☐	☐
	/	☐	☐
	/	☐	☐
	/	☐	☐

QRコードのページに登録すると，「ぴたリンク」からも表をダウンロードできるよ

テスト前 ☑ やることチェック表

① まずはテストの目標をたてよう。頑張ったら達成できそうなちょっと上のレベルを目指そう。
② 次にやることを書こう（「ズバリ英語〇ページ，数学〇ページ」など）。
③ やり終えたら□に✓を入れよう。
　　最初に完ぺきな計画をたてる必要はなく，まずは数日分の計画をつくって，
　　その後追加・修正していっても良いね。

目標

	日付	やること1	やること2
2週間前	／	☐	☐
	／	☐	☐
	／	☐	☐
	／	☐	☐
	／	☐	☐
	／	☐	☐
	／	☐	☐
1週間前	／	☐	☐
	／	☐	☐
	／	☐	☐
	／	☐	☐
	／	☐	☐
	／	☐	☐
	／	☐	☐
テスト期間	／	☐	☐
	／	☐	☐
	／	☐	☐
	／	☐	☐
	／	☐	☐

東京書籍版 数学2年 | 定期テスト ズバリよくでる | 解答集

1章 式の計算

1節 式の計算

p.3-5 **Step 2**

❶ (1) 式…単項式　　次数…2
(2) 式…多項式　　次数…5
(3) 式…単項式　　次数…4
(4) 式…多項式　　次数…2

解き方 数や文字についての乗法だけでつくられた式を単項式，単項式の和の形で表された式を多項式という。単項式では，かけられている文字の個数を，その式の次数という。多項式では，各項の次数のうちでもっとも大きいものを，その多項式の次数という。

❷ (1) $-2x^2-x$　　　　(2) $5a+9b$
(3) $-\dfrac{1}{15}x^2+\dfrac{7}{15}x$　　(4) $-2x-\dfrac{1}{12}y$

解き方 同類項をまとめる。
(1) $5x^2+2x-7x^2-3x$
$=5x^2-7x^2+2x-3x=-2x^2-x$
(2) $8a+5b-3a+4b$
$=8a-3a+5b+4b=5a+9b$
(3) $\dfrac{2}{3}x-\dfrac{2}{5}x^2+\dfrac{1}{3}x^2-\dfrac{1}{5}x$
$=-\dfrac{6}{15}x^2+\dfrac{5}{15}x^2+\dfrac{10}{15}x-\dfrac{3}{15}x$
$=-\dfrac{1}{15}x^2+\dfrac{7}{15}x$
(4) $2x+\dfrac{2}{3}y-4x-\dfrac{3}{4}y$
$=2x-4x+\dfrac{8}{12}y-\dfrac{9}{12}y=-2x-\dfrac{1}{12}y$

❸ (1) $4a-3b$　　　　(2) $4x^2-3x$
(3) $3ab+2a$　　　(4) $-a-4b-3$

解き方 かっこがあるときはかっこをはずし，同類項をまとめる。減法は，ひくほうの多項式の各項の

符号を変えて加える。
(1) $(a-2b)+(3a-b)=a-2b+3a-b=4a-3b$
(2) $(-2x+x^2)-(x-3x^2)$
$=-2x+x^2-x+3x^2=4x^2-3x$
(3) $(5ab-a)+(3a-2ab)$
$=5ab-a+3a-2ab=3ab+2a$
(4) $\begin{array}{r} 2a-3b-1 \\ -)\ 3a+\ b+2 \end{array}$ ➡ $\begin{array}{r} 2a-3b-1 \\ +)-3a-\ b-2 \\ \hline -a-4b-3 \end{array}$

❹ (1) $x+y$　　　　(2) $3x+7y$

解き方 2つの式にかっこをつけて加法と減法の式をつくる。
(1) $(2x+4y)+(-x-3y)$
$=2x+4y-x-3y=x+y$
(2) $(2x+4y)-(-x-3y)$
$=2x+4y+x+3y=3x+7y$

❺ (1) $-15a+40b$　　(2) $4a-2b$
(3) $4x^2+2x-1$　　(4) $-3x^2+x-7$

解き方 多項式と数の乗法は，分配法則を使って計算する。
(1) $-5(3a-8b)$
$=(-5)\times3a+(-5)\times(-8b)=-15a+40b$
(2) $8\left(\dfrac{a}{2}-\dfrac{b}{4}\right)=8\times\dfrac{a}{2}-8\times\dfrac{b}{4}=4a-2b$
(3) $(-12x^2-6x+3)\times\left(-\dfrac{1}{3}\right)$
$=(-12x^2)\times\left(-\dfrac{1}{3}\right)+(-6x)\times\left(-\dfrac{1}{3}\right)+3\times\left(-\dfrac{1}{3}\right)$
$=4x^2+2x-1$
(4) 多項式と数の除法は，乗法になおして計算する。
$(12x^2-4x+28)\div(-4)$
$=(12x^2-4x+28)\times\left(-\dfrac{1}{4}\right)$
$=12x^2\times\left(-\dfrac{1}{4}\right)+(-4x)\times\left(-\dfrac{1}{4}\right)+28\times\left(-\dfrac{1}{4}\right)$
$=-3x^2+x-7$

❻ (1) $10x-3y$　　　　(2) $2a-10b$

(3) $\dfrac{-20x+11y}{15}$ $\left(-\dfrac{4}{3}x+\dfrac{11}{15}y\right)$

(4) $\dfrac{7a-5b}{3}$ $\left(\dfrac{7}{3}a-\dfrac{5}{3}b\right)$

解き方 (3)，(4)は，通分してから計算する。

(1) $3(4x-5y)+2(6y-x)=12x-15y+12y-2x$
$\qquad\qquad\qquad\qquad =10x-3y$

(2) $4(2a-3b)-2(3a-b)=8a-12b-6a+2b$
$\qquad\qquad\qquad\qquad =2a-10b$

(3) $\dfrac{4y-7x}{3}-\dfrac{-5x+3y}{5}$

$=\dfrac{5(4y-7x)-3(-5x+3y)}{15}$

$=\dfrac{20y-35x+15x-9y}{15}$

$=\dfrac{-20x+11y}{15}$

(4) $2a-b-\dfrac{-a+2b}{3}$

$=\dfrac{3(2a-b)-(-a+2b)}{3}$

$=\dfrac{6a-3b+a-2b}{3}$

$=\dfrac{7a-5b}{3}$

❼ (1) $-28xy$　　　　(2) $25a^2$

(3) $-3a^2b^3$　　　　(4) $-48y^3z$

(5) $5x$　　　　(6) $-2x$

(7) $-9ab$　　　　(8) $\dfrac{2b}{a}$

(9) $-3a^2b^2$　　　　(10) n

解き方 単項式どうしの乗法は，係数の積に文字の積をかける。除法は，分数の形にして，約分する。

(1) $7x\times(-4y)=7\times(-4)\times x\times y=-28xy$

(2) $(-5a)^2=(-5a)\times(-5a)$

$=(-5)\times(-5)\times a\times a=25a^2$

(3) $(-ab)\times 3ab^2=(-1)\times 3\times ab\times ab^2=-3a^2b^3$

(4) $(-2y)^3\times 6z$

$=(-2y)\times(-2y)\times(-2y)\times 6z$

$=(-2)\times(-2)\times(-2)\times 6\times y\times y\times y\times z$

$=-48y^3z$

(5) $15xy\div 3y=\dfrac{15xy}{3y}=5x$

(6) $12x^2y^2\div(-6xy^2)=\dfrac{12x^2y^2}{-6xy^2}=-2x$

(7) $(-6a^2b)\div\dfrac{2}{3}a=(-6a^2b)\times\dfrac{3}{2a}=-9ab$

(8) $\dfrac{6}{5}ab^2\div\dfrac{3}{5}a^2b=\dfrac{6ab^2}{5}\times\dfrac{5}{3a^2b}=\dfrac{2b}{a}$

(9) $a^2b\div ab\times(-3ab^2)=\dfrac{a^2b\times(-3ab^2)}{ab}$

$\qquad\qquad\qquad\qquad =-3a^2b^2$

(10) $(-n^2)\times(-n)\div n^2=\dfrac{(-n^2)\times(-n)}{n^2}$

$\qquad\qquad\qquad\qquad =n$

❽ (1) $24b$ cm　　　　(2) $4x$ cm

(3) $y:x$

解き方 求めるものを文字を使った式で表す。

(1) (縦の長さ)×(横の長さ)＝(面積)より，

(縦の長さ)＝(面積)÷(横の長さ)

であるから

$\qquad 6ab\div\dfrac{a}{4}=6ab\times\dfrac{4}{a}=24b$ (cm)

(2) $\dfrac{1}{2}$×(底辺)×(高さ)＝(面積)より，

(高さ)＝(面積)×2÷(底辺)

であるから

$\qquad \dfrac{2}{3}x^2y\times 2\div\dfrac{1}{3}xy=\dfrac{4x^2y}{3}\times\dfrac{3}{xy}$

$\qquad\qquad\qquad\qquad =4x$ (cm)

(3) 円錐 P の体積は

$\qquad \dfrac{1}{3}\pi\times y^2\times x=\dfrac{1}{3}\pi xy^2$ (cm^3)

円錐 Q の体積は

$\qquad \dfrac{1}{3}\pi\times x^2\times y=\dfrac{1}{3}\pi x^2y$ (cm^3)

よって，体積の比は

$\qquad \dfrac{1}{3}\pi xy^2:\dfrac{1}{3}\pi x^2y=y:x$

❾ (1) -16　　　　(2) 26

(3) 30

解き方 式を計算してから数を代入して計算する。

(1) $(a-4b)-3(a-3b)$

$=a-4b-3a+9b$

$=-2a+5b$

$=(-2)\times3+5\times(-2)$

$=-6-10$

$=-16$

(2) $3(2x-4y)-2(x-3y)$

$=6x-12y-2x+6y$

$=4x-6y$

$=4\times2-6\times(-3)$

$=8+18$

$=26$

(3) $24x^2y\div(-8x)$

$=\dfrac{24x^2y}{-8x}$

$=-3xy$

$=-3\times5\times(-2)$

$=30$

❿ (1) 4　　　　　　　　(2) 3

解き方 はじめに式を計算し，簡単にしてから，数を代入する。

(1) $2(-3a+b)+3(a-4b)$

$=-6a+2b+3a-12b$

$=-3a-10b$　　◀ 式を簡単にしておく。

$=(-3)\times\dfrac{1}{3}-10\times\left(-\dfrac{1}{2}\right)$

$=-1+5$

$=4$

(2) $-6a^2b\div\dfrac{1}{3}a$

$=-6a^2b\times\dfrac{3}{a}$

$=-18ab$　　◀ 式を簡単にしておく。

$=(-18)\times\dfrac{1}{3}\times\left(-\dfrac{1}{2}\right)$

$=3$

2節 文字式の利用

p.7　**Step ❷**

❶ 3つの続いた整数のうち，中央の整数を n とすると，3つの続いた整数は，$n-1$，n，$n+1$ と表される。

したがって，それらの和は

$(n-1)+n+(n+1)=3n$

n は整数であるから，$3n$ は 3 の倍数である。

したがって，3つの続いた整数の和は，3の倍数になる。

解き方 中央の整数を n とする。3つの整数の和が $3\times$(整数) の形になっていれば3の倍数といえる。

❷ 小さいほうの奇数を $2n-1$ とすると，2つの続いた奇数は，$2n-1$，$2n+1$ と表される。

したがって，それらの和は

$(2n-1)+(2n+1)=4n$

n は整数であるから，$4n$ は 4 の倍数である。

したがって，2つの続いた奇数の和は，4の倍数になる。

解き方 奇数は2でわりきれない数なので，$2n-1$，$2n+1$ などと表すことができる。

❸ (1) 和…24，54　　何倍…3倍

(2) 真ん中の数を x とすると，囲まれた数は，上から $x-6$，x，$x+6$ と表される。

したがって，それらの和は

$(x-6)+x+(x+6)=3x$

したがって，囲まれた数の和は，真ん中の数の3倍である。

解き方 (1) $2+8+14=24$，$12+18+24=54$

$24\div8=3$，$54\div18=3$ より，囲まれた数の和は，真ん中の数の3倍になる。

(2) 囲まれた数の真ん中の数を x とすると，右上の数は $x-6$，左下の数は $x+6$ と表すことができる。

❹ (1) $x=\dfrac{5}{4}y+4$　　(2) $b=\dfrac{a}{3}+\dfrac{5}{3}$

(3) $h=\dfrac{3V}{\pi r^2}$　　(4) $b=a-\dfrac{c}{2}$

(5) $y=-\dfrac{a}{b}x+\dfrac{5}{b}$　　(6) $a=\dfrac{M}{4}-b-c$

解き方 方程式を解くように，式を変形する。

(1) $4x-5y=16$

$4x=16+5y$

$x=\dfrac{5}{4}y+4$

(2) $a=3b-5$

$3b-5=a$

$3b=a+5$

$b=\dfrac{a}{3}+\dfrac{5}{3}$

(3) $V=\dfrac{1}{3}\pi r^2 h$

$\dfrac{1}{3}\pi r^2 h=V$

$\pi r^2 h=3V$

$h=\dfrac{3V}{\pi r^2}$

(4) $a=\dfrac{2b+c}{2}$

$\dfrac{2b+c}{2}=a$

$2b+c=2a$

$2b=2a-c$

$b=a-\dfrac{c}{2}$

(5) $ax+by=5$

$by=5-ax$

$y=-\dfrac{a}{b}x+\dfrac{5}{b}$

(6) $4(a+b+c)=M$

$a+b+c=\dfrac{M}{4}$

$a=\dfrac{M}{4}-b-c$

---

p.8-9 **Step ③**

❶ (1) 項 $5x$, $-6y$ 次数 1

(2) 項 $-3a^2$, $7a$, -4 次数 2

(3) 項 $\dfrac{1}{2}m^2 n$, $-\dfrac{2}{3}mn$, $9n$ 次数 3

❷ (1) $10x+y$ (2) $10a+3b$ (3) $-6x-7y+11$

(4) $-3m^2+2m-9$ (5) $-3a-15b$

(6) $-3xy-8y$ (7) $3x^2+10$ (8) $\dfrac{-x+5y}{2}$

❸ (1) $-8a^2$ (2) $-5x^2 y$ (3) $-\dfrac{x}{3}$ (4) $-48xy$

(5) $-3xy$ (6) $-4ab^2$

❹ (1) ① -22 ② -64 ③ 8

(2) ① $8x-3y$ ② $21x-7y$

❺ 解き方参照

❻ (1) $y=-\dfrac{3}{2}x+4$ (2) $a=\dfrac{2S}{h}-b$

❼ (1) $1:2$ (2) $x=\dfrac{360S}{\pi r^2}$

解き方

❶ 多項式では，各項の次数のうちでもっとも大きい
ものを，その多項式の次数という。

❷ (1) $8x-5y+2x+6y=8x+2x-5y+6y$

$=10x+y$

(2) $(7a+5b)+(3a-2b)=7a+3a+5b-2b$

$=10a+3b$

(3) $\quad\quad 3x-5y+4 \quad\quad\quad\quad 3x-5y+4$

$\underline{-)\ \ 9x+2y-7} \ \Rightarrow\ \underline{+)-9x-2y+7}$

$\quad\quad\quad\quad\quad\quad\quad\quad\quad\quad -6x-7y+11$

(4) $(2m^2-4m-7)-(2+5m^2-6m)$

$=2m^2-4m-7-2-5m^2+6m$

$=-3m^2+2m-9$

(5) $(a+5b)\times(-3)=a\times(-3)+5b\times(-3)$

$=-3a-15b$

(6) $(-12xy-32y)\div 4=(-12xy-32y)\times\dfrac{1}{4}$

$=-3xy-8y$

(7) $3(x^2+2x)-2(3x-5)=3x^2+6x-6x+10$

$=3x^2+10$

(8) $\dfrac{5x+y}{6}-\dfrac{4x-7y}{3}=\dfrac{(5x+y)-2(4x-7y)}{6}$

$=\dfrac{5x+y-8x+14y}{6}$

$=\dfrac{-3x+15y}{6}=\dfrac{-x+5y}{2}$

❸ 単項式どうしの乗法は，係数の積に文字の積をかける。除法は，分数の形にしたり，わる式の逆数をかける形にしたりして計算する。

(1) $2a\times(-4a)=2\times(-4)\times a\times a=-8a^2$

(2) $(-x)^2\times(-5y)=(-x)\times(-x)\times(-5y)$

$=-5x^2y$

(3) $6xy\div(-18y)=\dfrac{6xy}{-18y}=-\dfrac{x}{3}$

(4) $12x^2y\div\left(-\dfrac{x}{4}\right)=12x^2y\times\left(-\dfrac{4}{x}\right)=-48xy$

(5) $2x^2\div 6x\times(-9y)=\dfrac{2x^2\times(-9y)}{6x}=-3xy$

(6) $3a^2b\times(-4b)^2\div(-12ab)=\dfrac{3a^2b\times16b^2}{-12ab}$

$=-4ab^2$

❹ (1) はじめに式を計算してから，数を代入する。

① $3(x-2)-2(y-x)$

$=5x-2y-6$

$=5\times(-2)-2\times3-6=-22$

② $4(x-3y)-5(x+2y)$

$=-x-22y$

$=-(-2)-22\times3=2-66=-64$

③ $(-x)^2\times4y^2\div(-3xy)$

$=-\dfrac{4}{3}xy=-\dfrac{4}{3}\times(-2)\times3=8$

(2) ① $A-B=(3x-2y)-(-5x+y)$

$=3x-2y+5x-y=8x-3y$

② $2A-3B=2(3x-2y)-3(-5x+y)$

$=6x-4y+15x-3y=21x-7y$

❺ 囲まれた数の右上の数を n とすると，囲まれた数は，上段左から $n-1$，n，下段左から $n+4$，$n+5$ と表される。

したがって，それらの和は

$(n-1)+n+(n+4)+(n+5)=4n+8=4(n+2)$

$n+2$ は整数であるから，$4(n+2)$ は 4 の倍数である。

したがって，囲まれた数の和は，4 の倍数になる。

❻ (1) $3x+2y=8$

$2y=8-3x$

$y=-\dfrac{3}{2}x+4$

(2) $S=\dfrac{1}{2}(a+b)h$

$\dfrac{1}{2}(a+b)h=S$

$a+b=\dfrac{2S}{h}$

$a=\dfrac{2S}{h}-b$

❼ (1) P の体積は $a\times a\times h=a^2h$ (cm³)

Q の体積は $2a\times2a\times\dfrac{1}{2}h=2a^2h$ (cm³)

P : Q $=a^2h:2a^2h=1:2$

(2) $S=\pi r^2\times\dfrac{x}{360}=\dfrac{\pi r^2x}{360}$

$\dfrac{\pi r^2x}{360}=S$

$\pi r^2x=360S$

$x=\dfrac{360S}{\pi r^2}$

2章 連立方程式

1節 連立方程式とその解き方

p.11-12 **Step 2**

❶ ㋑

解き方 4組の解を順に連立方程式にあてはめて，2つの等式が成り立つものをさがす。

❷ (1) $x=1$, $y=2$　　(2) $x=20$, $y=-3$
(3) $x=1$, $y=-2$　　(4) $x=3$, $y=1$
(5) $x=-\dfrac{3}{2}$, $y=2$　　(6) $x=2$, $y=-1$

解き方 (1) $\begin{cases} x+4y=9 & \cdots\cdots① \\ 2x-4y=-6 & \cdots\cdots② \end{cases}$

$$①\qquad x+4y=9$$
$$②\quad\underline{+)\,2x-4y=-6}$$
$$3x\qquad=3$$
$$x=1$$

$x=1$ を①に代入すると　$y=2$

(2) まず，どちらの文字の係数をそろえるかを決める。

$\begin{cases} x+y=17 & \cdots\cdots① \\ 3x+5y=45 & \cdots\cdots② \end{cases}$

$$①\times3\qquad 3x+3y=51$$
$$②\quad\underline{-)\,3x+5y=45}$$
$$-2y=6$$
$$y=-3$$

$y=-3$ を①に代入すると　$x=20$

(3) $\begin{cases} x-3y=7 & \cdots\cdots① \\ 3x+2y=-1 & \cdots\cdots② \end{cases}$

$$①\times3\qquad 3x-9y=21$$
$$②\quad\underline{-)\,3x+2y=-1}$$
$$-11y=22$$
$$y=-2$$

$y=-2$ を①に代入すると　$x=1$

(4) $\begin{cases} x+y=4 & \cdots\cdots① \\ 3x-y=8 & \cdots\cdots② \end{cases}$

$$①\qquad x+y=4$$
$$②\quad\underline{+)\,3x-y=8}$$
$$4x\qquad=12$$
$$x=3$$

$x=3$ を①に代入すると　$y=1$

(5) $\begin{cases} 2x+3y=3 & \cdots\cdots① \\ 4x-y=-8 & \cdots\cdots② \end{cases}$

$$①\times2\qquad 4x+6y=6$$
$$②\quad\underline{-)\,4x-\ y=-8}$$
$$7y=14$$
$$y=2$$

$y=2$ を①に代入すると　$x=-\dfrac{3}{2}$

(6) $\begin{cases} 3x+2y=4 & \cdots\cdots① \\ 2x-3y=7 & \cdots\cdots② \end{cases}$

$$①\times3\qquad 9x+6y=12$$
$$②\times2\quad\underline{+)\,4x-6y=14}$$
$$13x\qquad=26$$
$$x=2$$

$x=2$ を①に代入すると　$y=-1$

❸ (1) $x=1$, $y=-2$　　(2) $x=1$, $y=2$
(3) $x=1$, $y=4$　　(4) $x=3$, $y=9$
(5) $x=2$, $y=1$　　(6) $x=1$, $y=2$

解き方 (1) $\begin{cases} x=2y+5 & \cdots\cdots① \\ x-y=3 & \cdots\cdots② \end{cases}$

①を②に代入すると
$$(2y+5)-y=3$$
$$y=-2$$

$y=-2$ を①に代入すると　$x=1$

(2) $\begin{cases} x=5-2y & \cdots\cdots① \\ 2x-3y=-4 & \cdots\cdots② \end{cases}$

①を②に代入すると
$$2(5-2y)-3y=-4$$
$$-7y=-14$$
$$y=2$$

$y=2$ を①に代入すると　$x=1$

(3) $\begin{cases} y=x+3 & \cdots\cdots① \\ 5x-3y=-7 & \cdots\cdots② \end{cases}$

①を②に代入すると
$$5x-3(x+3)=-7$$
$$2x=2$$
$$x=1$$

$x=1$ を①に代入すると　$y=4$

(4) $\begin{cases} y = 3x & \cdots\cdots① \\ x - 3y = -24 & \cdots\cdots② \end{cases}$

①を②に代入すると

$x - 3 \times 3x = -24$

$-8x = -24$

$x = 3$

$x = 3$ を①に代入すると $y = 9$

(5) どちらの文字が消去しやすいかを考える。

$\begin{cases} 2x + y = 5 & \cdots\cdots① \\ x - 2y = 0 & \cdots\cdots② \end{cases}$

②より $x = 2y$ $\cdots\cdots②'$

②'を①に代入すると

$2 \times 2y + y = 5$

$5y = 5$

$y = 1$

$y = 1$ を②'に代入すると $x = 2$

(6) $\begin{cases} y = 3x - 1 & \cdots\cdots① \\ y = -x + 3 & \cdots\cdots② \end{cases}$

①を②に代入すると

$3x - 1 = -x + 3$

$4x = 4$

$x = 1$

$x = 1$ を②に代入すると $y = 2$

❹ (1) $x = 5$, $y = -5$　　(2) $x = -8$, $y = 21$

(3) $x = 2$, $y = 1$　　(4) $x = 3$, $y = 5$

(5) $x = 9$, $y = 6$　　(6) $x = 9$, $y = 3$

解き方 式の形を見て，加減法，代入法のどちらかの解き方を選んで解く。

(1) $\begin{cases} 2x + y = 5 & \cdots\cdots① \\ 2x - y = 15 & \cdots\cdots② \end{cases}$

① $\quad 2x + y = 5$

② $\underline{+)\ 2x - y = 15}$

$\quad 4x \quad = 20$

$\quad x = 5$

$x = 5$ を①に代入すると $y = -5$

(2) $\begin{cases} x + y = 13 & \cdots\cdots① \\ 2x + y = 5 & \cdots\cdots② \end{cases}$

① $\quad x + y = 13$

② $\underline{-)\ 2x + y = 5}$

$\quad -x \quad = 8$

$\quad x = -8$

$x = -8$ を①に代入すると $y = 21$

(3) $\begin{cases} 3x + 4y = 10 & \cdots\cdots① \\ x - 5y = -3 & \cdots\cdots② \end{cases}$

②より $x = 5y - 3$ $\cdots\cdots②'$

②'を①に代入すると

$3(5y - 3) + 4y = 10$

$15y - 9 + 4y = 10$

$19y = 19$

$y = 1$

$y = 1$ を②'に代入すると $x = 2$

(4) $\begin{cases} 5x - 2y = 5 & \cdots\cdots① \\ y = 3x - 4 & \cdots\cdots② \end{cases}$

②を①に代入すると

$5x - 2(3x - 4) = 5$

$-x = -3$

$x = 3$

$x = 3$ を②に代入すると $y = 5$

(5) $\begin{cases} 6x - 7y = 12 & \cdots\cdots① \\ 3x = 2y + 15 & \cdots\cdots② \end{cases}$

②×2 より $6x = 4y + 30 \cdots\cdots②'$

②'を①に代入すると

$4y + 30 - 7y = 12$

$-3y = -18$

$y = 6$

$y = 6$ を②に代入すると $x = 9$

(6) $\begin{cases} 2x - 5y = 3 & \cdots\cdots① \\ 3x - 4y = 15 & \cdots\cdots② \end{cases}$

①×3 $\quad 6x - 15y = 9$

②×2 $\underline{-)\ 6x - \ 8y = 30}$

$\quad -7y = -21$

$\quad y = 3$

$y = 3$ を①に代入すると $x = 9$

❺ (1) $x = 8$, $y = -10$　　(2) $x = -4$, $y = -7$

(3) $x = 3$, $y = -2$　　(4) $x = 12$, $y = 9$

解き方 (1) かっこをはずし，整理してから解く。

$$\begin{cases} 2x+3y=-14 & \cdots\cdots① \\ -4(x+y)+x=16 & \cdots\cdots② \end{cases}$$

②より $-3x-4y=16$ $\cdots\cdots②'$

$\begin{array}{ll} ①×3 & 6x+9y=-42 \\ ②'×2 & +)-6x-8y=32 \\ \hline & \qquad\qquad y=-10 \end{array}$

$y=-10$ を①に代入すると $x=8$

⑵ 小数をふくむ方程式の両辺を 10 倍し，係数を整数に変形してから解く。

$$\begin{cases} 2x-y=-1 & \cdots\cdots① \\ x-0.6y=0.2 & \cdots\cdots② \end{cases}$$

②の両辺を 10 倍すると

$\qquad 10x-6y=2$ $\cdots\cdots②'$

$\begin{array}{ll} ①×6 & 12x-6y=-6 \\ ②' & -)10x-6y=2 \\ \hline & \quad 2x\qquad=-8 \\ & \qquad\quad x=-4 \end{array}$

$x=-4$ を①に代入すると $y=-7$

⑶ 分数をふくむ方程式は，分母の最小公倍数を両辺にかけて，係数を全部整数に変形してから解く。

$$\begin{cases} 4x-5y=22 & \cdots\cdots① \\ \dfrac{x}{3}-\dfrac{y}{2}=2 & \cdots\cdots② \end{cases}$$

②の両辺に 6 をかけて分母をはらうと

$\qquad 2x-3y=12$ $\cdots\cdots②'$

$\begin{array}{ll} ① & 4x-5y=22 \\ ②'×2 & -)4x-6y=24 \\ \hline & \qquad\quad y=-2 \end{array}$

$y=-2$ を②′に代入すると $x=3$

⑷ $\begin{cases} 0.1x-0.2y=-0.6 & \cdots\cdots① \\ \dfrac{1}{6}x-\dfrac{1}{9}y=1 & \cdots\cdots② \end{cases}$

①の両辺を 10 倍すると

$\qquad x-2y=-6$ $\cdots\cdots①'$

②の両辺に 18 をかけて分母をはらうと

$\qquad 3x-2y=18$ $\cdots\cdots②'$

$\begin{array}{ll} ①' & x-2y=-6 \\ ②' & -)3x-2y=18 \\ \hline & -2x\qquad=-24 \\ & \qquad\quad x=12 \end{array}$

$x=12$ を①′に代入すると $y=9$

❻ ⑴ $x=2$, $y=-3$　　⑵ $a=5$, $b=4$

【解き方】⑴ $A=B=C$ という形の連立方程式は，

$$\begin{cases} A=B \\ A=C \end{cases} \quad \begin{cases} A=B \\ B=C \end{cases} \quad \begin{cases} A=C \\ B=C \end{cases}$$

の，どの組み合わせをつくって解いてもよい。

$$\begin{cases} 3x-2y=12 & \cdots\cdots① \\ 9x+2y=12 & \cdots\cdots② \end{cases}$$

$\begin{array}{ll} ① & 3x-2y=12 \\ ② & +)9x+2y=12 \\ \hline & 12x\qquad=24 \\ & \qquad x=2 \end{array}$

$x=2$ を①に代入すると $y=-3$

⑵ 連立方程式に $x=-3$, $y=5$ を代入すると

$$\begin{cases} -3a+5b=5 & \cdots\cdots① \\ -3b+5a=13 & \cdots\cdots② \end{cases}$$

$\begin{array}{ll} ①×5 & -15a+25b=25 \\ ②×3 & +)15a-9b=39 \\ \hline & \qquad\quad 16b=64 \\ & \qquad\qquad b=4 \end{array}$

$b=4$ を②に代入すると $a=5$

2節 連立方程式の利用

p.14-15　**Step 2**

❶ 43

【解き方】もとの整数の十の位を x，一の位を y とすると，もとの整数は $10x+y$ と表されるから

$$\begin{cases} 10x+y=5(x+y)+8 \\ 10y+x=10x+y-9 \end{cases}$$

かっこをはずして，式を整理すると

$$\begin{cases} 5x-4y=8 & \cdots\cdots① \\ x-y=1 & \cdots\cdots② \end{cases}$$

$\begin{array}{ll} ① & 5x-4y=8 \\ ②×4 & -)4x-4y=4 \\ \hline & \quad x\qquad=4 \end{array}$

$x=4$ を②に代入すると $y=3$

これらは問題に適している。

❷ ⑴ $\begin{cases} x+y=15 \\ 50x+120y=1100 \end{cases}$

⑵ 50 円切手…10 枚，120 円切手…5 枚

【解き方】(1) 50 円切手を x 枚，120 円切手を y 枚買ったとして，枚数の関係と，代金の関係から 2 つの方程式をつくる。

枚数の関係から　$x+y=15$

代金の関係から　$50x+120y=1100$

(2) $\begin{cases} x+y=15 & \cdots\cdots① \\ 50x+120y=1100 & \cdots\cdots② \end{cases}$

$①×50$　　$50x+50y=750$

$②$　　　$-) \ 50x+120y=1100$
$$-70y=-350$$
$$y=5$$

$y=5$ を①に代入すると　$x=10$

これらは問題に適している。

❸ ケーキ…420 円，プリン…180 円

【解き方】ケーキ 1 個の値段を x 円，プリン 1 個の値段を y 円として，「ケーキ 3 個とプリン 5 個の代金」の関係と，「ケーキ 5 個とプリン 4 個の代金」の関係から 2 つの方程式をつくる。

$\begin{cases} 3x+5y=2160 & \cdots\cdots① \\ 5x+4y=2820 & \cdots\cdots② \end{cases}$

$①×5$　　$15x+25y=10800$

$②×3$　　$-) \ 15x+12y=\ 8460$
$$13y=2340$$
$$y=180$$

$y=180$ を①に代入すると　$x=420$

これらは問題に適している。

❹ A 市～C 市…6 km，C 市～B 市…8 km

【解き方】A 市から C 市までを x km，C 市から B 市までを y km として，道のりの関係と，時間の関係から 2 つの方程式をつくる。

$\begin{cases} x+y=14 & \cdots\cdots① \\ \dfrac{x}{3}+\dfrac{y}{4}=4 & \cdots\cdots② \end{cases}$

$②×12$ より　$4x+3y=48$　　$\cdots\cdots②'$

$①×3$　　$3x+3y=42$

$②'$　　$-) \ 4x+3y=48$
$$-x\ \ \ \ \ \ =-6$$
$$x=6$$

$x=6$ を①に代入すると　$y=8$

これらは問題に適している。

❺ A 地～峠…12 km，峠～B 地…18 km

【解き方】A 地から峠までを x km，峠から B 地までを y km として，行きの時間の関係と，帰りの時間の関係から 2 つの方程式をつくる。

$\begin{cases} \dfrac{x}{3}+\dfrac{y}{6}=7 & \cdots\cdots① \\ \dfrac{x}{6}+\dfrac{y}{3}=8 & \cdots\cdots② \end{cases}$

①と②の両辺に 6 をかけて分母をはらうと

$\begin{cases} 2x+y=42 & \cdots\cdots①' \\ x+2y=48 & \cdots\cdots②' \end{cases}$

$①'$　　　　$2x+\ y=42$

$②'×2$　　$-) \ 2x+4y=96$
$$-3y=-54$$
$$y=18$$

$y=18$ を $①'$ に代入すると　$x=12$

これらは問題に適している。

❻ (1) $\begin{cases} x+y=600 \\ \dfrac{20}{100}x-\dfrac{8}{100}y=29 \end{cases}$

(2) 男子…275 人，女子…325 人

【解き方】(1) 去年の男子，女子の生徒数をそれぞれ x 人，y 人として，去年の生徒数の関係と，増えた生徒数の関係から 2 つの方程式をつくる。

去年の生徒数の関係から　$x+y=600$

増えた生徒数の関係から

$$\frac{20}{100}x-\frac{8}{100}y=29$$

別解 今年の生徒数の関係から，次のように式を考えてもよい。

$$\frac{120}{100}x+\frac{92}{100}y=629$$

(2) $\begin{cases} x+y=600 & \cdots\cdots① \\ \dfrac{20}{100}x-\dfrac{8}{100}y=29 & \cdots\cdots② \end{cases}$

$②×100$ より　$20x-8y=2900$　　$\cdots\cdots②'$

$①×8$　　　$8x+8y=4800$

$②'$　　$+) \ 20x-8y=2900$
$$28x\ \ \ \ \ \ =7700$$
$$x=275$$

9

$x=275$ を①に代入すると $y=325$

これらは問題に適している。

❼ 男子…26 人，女子…12 人

解き方 去年の男子，女子の部員数をそれぞれ x 人，y 人として，去年の部員数の関係と，今年の部員数の関係から 2 つの方程式をつくる。

去年の部員数の関係から $x+y=35$ ……①

今年の部員数の関係から

$$\frac{130}{100}x+\frac{80}{100}y=38 \quad \text{……②}$$

②×100 より $130x+80y=3800$ ……②′

$$
\begin{array}{r}
①×80 \quad\quad 80x+80y=2800 \\
②′ \quad\underline{-)\,130x+80y=3800} \\
-50x \quad\quad\quad =-1000 \\
x=20
\end{array}
$$

$x=20$ を①に代入すると $y=15$

よって，今年の男子は $20\times\dfrac{130}{100}=26$（人）

今年の女子は $15\times\dfrac{80}{100}=12$（人）

これらは問題に適している。

別解 ②は増えた部員数の関係から，次のように式を考えてもよい。

$$\frac{30}{100}x-\frac{20}{100}y=3$$

❽ (1) 36 g

(2) 8 ％…200 g，5 ％…400 g

解き方 (1) a ％の食塩水にふくまれる食塩の重さは，（食塩水の重さ）$\times\dfrac{a}{100}$ で求められる。

(2) 8 ％の食塩水 x g と 5 ％の食塩水 y g を混ぜるから

$$
\begin{cases}
x+y=600 & \text{……①} \\
\dfrac{8}{100}x+\dfrac{5}{100}y=36 & \text{……②}
\end{cases}
$$

②×100 より $8x+5y=3600$ ……②′

$$
\begin{array}{r}
①×5 \quad\quad 5x+5y=3000 \\
②′ \quad\underline{-)\,8x+5y=3600} \\
-3x \quad\quad\quad =-600 \\
x=200
\end{array}
$$

$x=200$ を①に代入すると $y=400$

これらは問題に適している。

---

p.16-17 Step ❸

❶ ⑦

❷ (1) $x=2$，$y=-3$ (2) $x=2$，$y=-1$

(3) $x=3$，$y=-4$ (4) $x=-2$，$y=5$

(5) $x=3$，$y=-2$ (6) $x=6$，$y=-2$

❸ (1) $x=3$，$y=6$ (2) $x=3$，$y=-4$

(3) $x=10$，$y=-8$ (4) $x=8$，$y=-6$

❹ (1) $a=3$，$b=2$

(2) ⑦，⑦の解 $x=-2$，$y=4$

a，b の値 $a=3$，$b=1$

❺ 38

❻ みかん…50 円 りんご…90 円

❼ (1) $\begin{cases} x+y=90 \\ 50x+80y=6000 \end{cases}$ (2) $\begin{cases} x+y=6000 \\ \dfrac{x}{50}+\dfrac{y}{80}=90 \end{cases}$

❽ 男子…120 人 女子…140 人

解き方

❶ x，y の値の組を順に連立方程式にあてはめて，2 つの等式が成り立つものをさがす。

❷ (1) $\begin{cases} x-y=5 & \text{……①} \\ 2x+y=1 & \text{……②} \end{cases}$

$$
\begin{array}{r}
① \quad\quad x-y=5 \\
② \quad\underline{+)\,2x+y=1} \\
3x \quad\quad =6 \\
x=2
\end{array}
$$

$x=2$ を①に代入すると $y=-3$

(2) $\begin{cases} 7x+2y=12 & \text{……①} \\ 3x-4y=10 & \text{……②} \end{cases}$

$$
\begin{array}{r}
①×2 \quad 14x+4y=24 \\
② \quad\underline{+)\,3x-4y=10} \\
17x \quad\quad =34 \\
x=2
\end{array}
$$

$x=2$ を①に代入すると $y=-1$

(3) $\begin{cases} 2x+3y=-6 & \text{……①} \\ 5x-2y=23 & \text{……②} \end{cases}$

$$
\begin{array}{r}
①×2 \quad\quad 4x+6y=-12 \\
②×3 \quad\underline{+)\,15x-6y=69} \\
19x \quad\quad =57 \\
x=3
\end{array}
$$

$x=3$ を①に代入すると $y=-4$

(4) $\begin{cases} y=4x+13 & \cdots\cdots① \\ 2x+y=1 & \cdots\cdots② \end{cases}$

①を②に代入すると

$2x+(4x+13)=1$

$\qquad\qquad 6x=-12$

$\qquad\qquad\quad x=-2$

$x=-2$ を①に代入すると $y=5$

(5) $\begin{cases} 3x+4y=1 & \cdots\cdots① \\ 2y=-x-1 & \cdots\cdots② \end{cases}$

②×2 より $4y=-2x-2$ $\cdots\cdots②'$

②′を①に代入すると

$3x+(-2x-2)=1$

$\qquad\qquad x-2=1$

$\qquad\qquad\quad x=3$

$x=3$ を②に代入すると $y=-2$

(6) $\begin{cases} 4x+5y=14 & \cdots\cdots① \\ 3x+2y=14 & \cdots\cdots② \end{cases}$

①×2 $\quad 8x+10y=28$

②×5 $\quad\underline{-)\,15x+10y=70}$

$\qquad\qquad -7x\qquad\ =-42$

$\qquad\qquad\qquad\ x=6$

$x=6$ を②に代入すると $y=-2$

❸ (1) $\begin{cases} 3x-2y+3=0 & \cdots\cdots① \\ 4(x+1)-3y=-2 & \cdots\cdots② \end{cases}$

①より $\quad 3x-2y=-3$ $\cdots\cdots①'$

②より $\quad 4x-3y=-6$ $\cdots\cdots②'$

①′×3 $\qquad 9x-6y=-9$

②′×2 $\quad\underline{-)\,8x-6y=-12}$

$\qquad\qquad\quad x\qquad =3$

$x=3$ を①′に代入すると $y=6$

(2) $\begin{cases} 0.3x+0.2y=0.1 & \cdots\cdots① \\ 0.2x-0.1y=1 & \cdots\cdots② \end{cases}$

①×10 より $\quad 3x+2y=1$ $\cdots\cdots①'$

②×10 より $\quad 2x-y=10$ $\cdots\cdots②'$

①′ $\qquad\qquad 3x+2y=1$

②′×2 $\quad\underline{+)\,4x-2y=20}$

$\qquad\qquad\ 7x\qquad =21$

$\qquad\qquad\qquad x=3$

$x=3$ を①′に代入すると $y=-4$

(3) $\begin{cases} 4x-y=48 & \cdots\cdots① \\ \dfrac{1}{5}x+\dfrac{1}{2}y=-2 & \cdots\cdots② \end{cases}$

②×10 より $\quad 2x+5y=-20$ $\cdots\cdots②'$

① $\qquad\qquad 4x-\ y=48$

②′×2 $\quad\underline{-)\,4x+10y=-40}$

$\qquad\qquad -11y=88$

$\qquad\qquad\quad\ y=-8$

$y=-8$ を①に代入すると $x=10$

(4) $\begin{cases} \dfrac{1}{4}x+\dfrac{2}{3}y=-2 & \cdots\cdots① \\ 0.4x+0.3y=1.4 & \cdots\cdots② \end{cases}$

①×12 より $\quad 3x+8y=-24$ $\cdots\cdots①'$

②×10 より $\quad 4x+3y=14$ $\cdots\cdots②'$

①′×4 $\qquad 12x+32y=-96$

②′×3 $\quad\underline{-)\,12x+\ 9y=42}$

$\qquad\qquad\quad 23y=-138$

$\qquad\qquad\qquad\ y=-6$

$y=-6$ を②′に代入すると $x=8$

❹ (1) 連立方程式に $x=-2$, $y=-1$ を代入して, a, b の値を求める。

$\begin{cases} -2a+b=-4 \\ -2b-a=-7 \end{cases}$

これを解いて $\quad a=3$, $b=2$

(2) ⑦ $\begin{cases} 5x+2y=-2 & \cdots\cdots① \\ ax+by=-2 & \cdots\cdots② \end{cases}$

④ $\begin{cases} x-3y=-14 & \cdots\cdots③ \\ bx+ay=10 & \cdots\cdots④ \end{cases}$

⑦, ④は同じ解をもつから

①−③×5 より $\quad y=4$

よって $\quad x=-2$

$x=-2$, $y=4$ を②, ④に代入すると

$\begin{cases} -2a+4b=-2 & \cdots\cdots②' \\ -2b+4a=10 & \cdots\cdots④' \end{cases}$

②′×2+④′より $\quad b=1$

よって $\quad a=3$

❺ もとの整数の十の位を x, 一の位を y とすると

$\begin{cases} x+y=11 \\ 10y+x=10x+y+45 \end{cases}$

式を整理すると

11

$$\begin{cases} x+y=11 & \cdots\cdots① \\ -9x+9y=45 & \cdots\cdots② \end{cases}$$

①×9−②より　$x=3$

よって　$y=8$

これらは問題に適している。

❻ みかん 1 個の値段を x 円，りんご 1 個の値段を y

円とすると

$$\begin{cases} 4x+5y=650 \\ 8x+7y+120=1150 \end{cases}$$

式を整理すると

$$\begin{cases} 4x+5y=650 & \cdots\cdots① \\ 8x+7y=1030 & \cdots\cdots② \end{cases}$$

①×2−②より　$y=90$

よって　$x=50$

これらは問題に適している。

❼ (1) A 町から駅までの時間を x 分，駅から B 町ま

での時間を y 分とすると

$$\begin{cases} x+y=90 & \cdots\cdots時間の関係 \\ 50x+80y=6000 & \cdots\cdots道のりの関係 \end{cases}$$

※この連立方程式を解くと

　$x=40,\ y=50$

これらは問題に適している。

(2) A 町から駅までの道のりを x m，駅から B 町

までの道のりを y m とすると

$$\begin{cases} x+y=6000 & \cdots\cdots道のりの関係 \\ \dfrac{x}{50}+\dfrac{y}{80}=90 & \cdots\cdots時間の関係 \end{cases}$$

※この連立方程式を解くと

　$x=2000,\ y=4000$

これらは問題に適している。

❽ 男子と女子の生徒数をそれぞれ x 人，y 人とすると

$$\begin{cases} x+y=260 & \cdots\cdots① \\ \dfrac{70}{100}x+\dfrac{50}{100}y=154 & \cdots\cdots② \end{cases}$$

②×10 より　$7x+5y=1540$　$\cdots\cdots②'$

①×5−②' より　$x=120$

よって　$y=140$

これらは問題に適している。

3章 1次関数

1節 1次関数

2節 1次関数の性質と調べ方

p.19-21　**Step ❷**

❶ ⑦, ⑤

解き方 y を x の式で表すと，次のようになる。

⑦$xy=30$ より　$y=\dfrac{30}{x}$

⑦$y=3x$

⑤$y=6x^2$

⑤$y=12-x$

❷ (1) 2　　　　(2) $\dfrac{1}{3}$　　　　(3) -1

解き方 (2) x の増加量は　$2-(-1)=3$

y の増加量は

$$\left(\dfrac{1}{3}\times 2-3\right)-\left\{\dfrac{1}{3}\times(-1)-3\right\}=1$$

よって　$\dfrac{(y の増加量)}{(x の増加量)}=\dfrac{1}{3}$

❸ (1) 3　　　　　　　(2) -2

(3) $\dfrac{1}{2}$　　　　　(4) $-\dfrac{3}{4}$

解き方 1 次関数 $y=ax+b$ では，変化の割合は一定
で，a に等しい。

❹ (1) ⑦傾き…2　　　　切片…1

⑦傾き…-3　　　切片…-1

⑤傾き…$\dfrac{2}{3}$　　　切片…-1

⑤傾き…-3　　　切片…6

(2) ⑦, ⑤　　　　(3) ⑦と⑤

(4) ⑦と⑤　　　　(5) ⑦, ⑤

解き方 (1) 1 次関数 $y=ax+b$ のグラフは傾きが a，
切片が b の直線である。

(2) 傾きが正のものを選ぶ。

(3) 平行になるとき，傾きは等しい。

(4) グラフが y 軸と交わる点の y 座標が切片であるから，
切片の値が等しいものを選ぶ。

(5) $x=1$, $y=3$ を代入して, 等式が成り立つものを選ぶ。

❺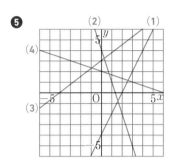

解き方 切片や傾きなどをもとにして, グラフが通る2点を求める。次の2通りのかき方がある。

① 傾きと切片を求めてかく。

　(例)(1)は, 傾き2, 切片 -4

　　　(2)は, 傾き -3, 切片4

② y が整数となるような適当な整数を x に選び, 2点を求めてかく。

　(例)(3)は, 2点(4, 6), $(-4$, 0)を通る。

　　　(4)は, 2点(3, 1), $(-3$, 3)を通る。

❻ (1) $y=-6x+90$

　(2) ア…90　イ…15

　(3) $y=30$

解き方 (1) $y=ax+b$ とおくと　$a=-6$

$x=0$ のとき $y=90$ であるから　$b=90$

よって, 求める式は, $y=-6x+90$

(2) $y=-6x+90$ で, $y=0$ のとき $x=15$ であるから

イは15である。

(3) $y=-6x+90$ に, $x=10$ を代入すると

　$y=-6\times10+90=30$

❼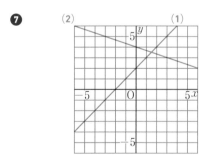

　(1) $a=-6$　(2) $b=12$

解き方 (1) $x=-8$, $y=a$ を代入すると

$a=-8+2=-6$

(2) $x=b$, $y=0$ を代入すると

$0=-\dfrac{1}{3}b+4$

$\dfrac{1}{3}b=4$　$b=12$

❽ (1) $y=-\dfrac{2}{3}x+2$

　(2) $y=\dfrac{2}{3}x-3$

　(3) $y=\dfrac{4}{3}x+1$

解き方 (1) この直線は y 軸上の点 (0, 2) を通るから, 切片は2である。

また, 右へ3だけ進むと下へ2だけ進むから, 傾きは $-\dfrac{2}{3}$ である。

したがって, 求める直線の式は

$$y=-\dfrac{2}{3}x+2$$

(2) この直線は y 軸上の点 (0, -3) を通るから, 切片は -3 である。

また, 右へ3だけ進むと上へ2だけ進むから, 傾きは $\dfrac{2}{3}$ である。

したがって, 求める直線の式は

$$y=\dfrac{2}{3}x-3$$

(3) この直線は y 軸上の点 (0, 1) を通るから, 切片は1である。

また, 右へ3だけ進むと上へ4だけ進むから, 傾きは $\dfrac{4}{3}$ である。

したがって, 求める直線の式は

$$y=\dfrac{4}{3}x+1$$

❾ (1) $y=2x-8$　　　　(2) $y=-5x+7$

　(3) $y=-2x+1$

解き方 (1) 傾きが2であるから　$y=2x+b$

点 (5, 2) を通るから, 上の式に $x=5$,

$y=2$ を代入すると　$b=-8$

したがって, 求める式は　$y=2x-8$

(2) 変化の割合が -5 であるから

13

$y=-5x+b$

$x=4$，$y=-13$ を代入すると　$b=7$

したがって，求める式は　$y=-5x+7$

(3) 2 点 $(3, -5)$，$(-2, 5)$ を通るから，グラフの傾きは

$$\frac{-5-5}{3-(-2)}=-2$$

したがって　$y=-2x+b$

$x=3$，$y=-5$ を代入すると　$b=1$

よって，求める式は　$y=-2x+1$

別解 次のように考えてもよい。

$y=ax+b$ に $(3, -5)$，$(-2, 5)$ を代入して

$$\begin{cases} -5=3a+b \\ 5=-2a+b \end{cases}$$

これを解いて　$a=-2$，$b=1$

❿ (1) $y=-3x+2$　　　(2) $y=3x-12$

　 (3) $y=-4x+10$

解き方 (1) $y=-3x+1$ に平行であるから，傾きは -3

よって　$y=-3x+b$

$x=-2$，$y=8$ を代入すると　$b=2$

したがって，求める式は　$y=-3x+2$

(2) $y=ax+b$ に $x=3$，$y=-3$ を代入して

　　$-3=3a+b$ ……①

$x=5$，$y=3$ を代入して

　　$3=5a+b$ ……②

①，②を連立方程式として解くと

　　$a=3$，$b=-12$

したがって，求める式は　$y=3x-12$

別解 次のように考えてもよい。

グラフが 2 点 $(3, -3)$，$(5, 3)$ を通るから，傾きは

$$\frac{3-(-3)}{5-3}=3$$

したがって　$y=3x+b$

$x=5$，$y=3$ を代入すると　$b=-12$

よって，求める式は　$y=3x-12$

(3) x の値が 2 だけ増加すると，y の値は 8 だけ減少するから，傾きは -4

グラフは，y 軸上の点 $(0, 10)$ を通るから，切片は 10

よって，求める式は　$y=-4x+10$

---

3 節 2 元 1 次方程式と 1 次関数

4 節 1 次関数の利用

p.23-25　Step ②

❶
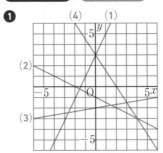

解き方 y について解く。

(1) $y=2x+3$　　　(2) $y=-\dfrac{1}{2}x-1$

(3) $y=\dfrac{1}{6}x-2$　　(4) $y=-\dfrac{3}{2}x+3$

❷
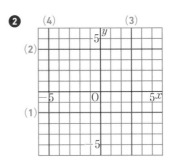

解き方 a，b，c を定数とするとき，2 元 1 次方程式 $ax+by=c$ のグラフは

　$a=0$ のとき　x 軸に平行な直線

　$b=0$ のとき　y 軸に平行な直線

❸ (1)
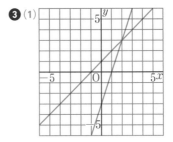

(2) $x=2$，$y=3$

解き方 (1) それぞれ y について解く。

$$\begin{cases} y=x+1 \\ y=3x-3 \end{cases}$$

(2) (1)のグラフより, 交点の座標は (2, 3) であるから,
解は $x=2$, $y=3$

❹ (1) $y=-x+1$　　　(2) $y=\dfrac{2}{3}x+2$

　　(3) $\left(-\dfrac{3}{5},\ \dfrac{8}{5}\right)$

【解き方】 (1), (2)は, グラフから, 傾きと切片を読み
とる。

(1) 傾きは -1, 切片は 1

(2) 傾きは $\dfrac{2}{3}$, 切片は 2

(3) $\begin{cases} y=-x+1 & \cdots\cdots① \\ y=\dfrac{2}{3}x+2 & \cdots\cdots② \end{cases}$

①, ②を連立方程式として解くと

　$x=-\dfrac{3}{5}$, $y=\dfrac{8}{5}$

となるから, ①と②の交点の座標は $\left(-\dfrac{3}{5},\ \dfrac{8}{5}\right)$

❺ (1) $y=-5x+190$　　　(2) 115 mm
　　(3) 28分

【解き方】 (1) $x=0$ のとき $y=190$, $x=10$ のとき $y=140$
であるから, 変化の割合は $\dfrac{140-190}{10-0}=-5$
したがって $y=-5x+b$
$x=0$, $y=190$ を代入すると $b=190$
よって, 求める式は $y=-5x+190$

(2) $y=-5x+190$ に $x=15$ を代入すると $y=115$

(3) ろうそくの長さが 0 mm になるまで使用できるか
ら, $y=-5x+190$ に $y=0$ を代入すると
　$0=-5x+190$　$x=38$
したがって, このろうそくは, 火をつけてから 38 分
後まで使用できると予想できる。
ここでは, 10 分後からあと何分使用できるかを求め
るので $38-10=28$(分)

❻ (1) $y=\dfrac{2}{5}x$　　　(2) 20分

　　(3) 時速 24 km

　　(4) 時間…20分, 地点…8 km

【解き方】 (1) グラフより, 2 点 (0, 0), (25, 10) を通る
から, グラフの傾きは $\dfrac{10-0}{25-0}=\dfrac{2}{5}$
よって, 求める式は $y=\dfrac{2}{5}x$

(2) 時速 30 km＝分速 500 m, 10 km＝10000 m
(時間)＝(道のり)÷(速さ) より
　$10000\div500=20$(分)

(3) 25 分＝$\dfrac{25}{60}$ 時間

(速さ)＝(道のり)÷(時間)より $10\div\dfrac{25}{60}=24$(km/時)

(4) 自動車が 5 分間に進む道のりは,
時速 48 km＝分速 800 m より
　$800\times5=4000$(m)　4000 m＝4 km
自動車は 10 分後に A 地点を出発したから, グラフ
は 2 点 (10, 0), (15, 4) を通る。

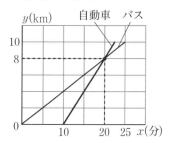

グラフより, バスが出発してから 20 分後の 8 km の
地点で追いつくことがわかる。

❼ (1) 3分間

　(2) (m)

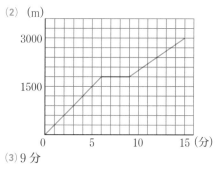

　(3) 9分

【解き方】 (1) 分速 300 m で 6 分間走った道のりは
　$300\times6=1800$(m)
3 km＝3000 m より, 残った道のりは
　$3000-1800=1200$(m)
休んだ後は分速 200 m で走ったから
　$1200\div200=6$(分)

したがって，A さんが休んでいた時間は
　　15－(6＋6)＝3(分間)

(2) はじめの 6 分間は分速 300 m で走ったから，走った道のりは，(1)より　1800 m

だから，2 点 (0, 0)，(6, 1800) を結ぶ。

そのあと，3 分間休んでいたから，2 点 (6, 1800)，(9, 1800) を結ぶ。

休んだ後は，6 分間走って，3000 m はなれた公園に着いたので，2 点 (9, 1800)，(15, 3000) を結ぶ。

(3) 時速 30 km＝分速 500 m より，
　　3000÷500＝6(分)

したがって，B さんは 6 分で公園に着いたから
　　15－6＝9(分)

❽(1) (変域，式の順に)
　　① $0 \leqq x \leqq 3$，$y=2x$
　　② $3 \leqq x \leqq 7$，$y=6$
　　③ $7 \leqq x \leqq 10$，$y=-2x+20$

(2) y(cm²)

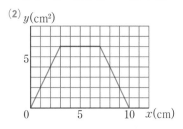

解き方 (1) 底辺と高さを問題の図 1 から読みとる。

① BC＝3 cm より
　　$0 \leqq x \leqq 3$，$y=\dfrac{1}{2}\times 4\times x=2x$

② BC＋CD＝7 cm より
　　$3 \leqq x \leqq 7$，$y=\dfrac{1}{2}\times 4\times 3=6$(一定)

③ BC＋CD＋DA＝10 cm より　$7 \leqq x \leqq 10$
　　AP＝$10-x$(cm)より
　　$y=\dfrac{1}{2}\times 4\times (10-x)=-2x+20$

(2)(1)の①～③のグラフを，x の変域に注意しながら，つなげてかく。

p.26-27 Step ❸

❶(1)(ア)，(エ)

(2)① $y=-16$　② 15　③ $a=2$

❷(1)傾き -1　切片 2　(2)傾き $\dfrac{2}{5}$　切片 -1

(3)傾き $-\dfrac{1}{8}$　切片 0

❸
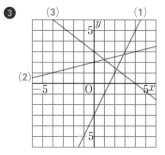

❹(1) $y=4x+2$　(2) $y=-\dfrac{4}{3}x+5$

(3) $y=3x-2$

❺(1)① $y=-2x+2$　② $y=\dfrac{1}{3}x-3$

③ $y=3$　④ $x=-4$

(2)$\left(\dfrac{15}{7},\ -\dfrac{16}{7}\right)$

❻(1) $y=\dfrac{5}{2}x+5$　(2) 26 分後

❼(1) $y=\dfrac{1}{5}x$　(2) 30 分後

❽(1) $y=3x$　(2) $y=12$　(3) $y=-3x+42$

(4) $x=3,\ 11$

───────────

解き方

❶(2)① $x=-3$ を代入すると
　　$y=3\times(-3)-7=-9-7=-16$

②(y の増加量)＝(変化の割合)×(x の増加量)
　　よって　$3\times 5=15$

③ $x=a$，$y=-1$ を代入すると
　　$-1=3a-7$
　　よって　$a=2$

❷1 次関数 $y=ax+b$ のグラフは傾きが a，切片が b の直線である。

❸切片や傾きなどをもとにして，グラフが通る 2 点を求める。次の 2 通りのかき方がある。
　①傾きと切片を求めてかく。

② y が整数となるような適当な整数を x に選び，2 点を求めてかく。

❹(1) 2 点 $(2,\ 10)$，$(-3,\ -10)$ を通るから，グラフの傾きは $\dfrac{10-(-10)}{2-(-3)}=4$

したがって，$y=4x+b$ に $x=2$，$y=10$ を代入すると $b=2$

別解 次のように考えてもよい。

$y=ax+b$ に $(2,\ 10)$，$(-3,\ -10)$ を代入して

$$\begin{cases} 10 = 2a+b \\ -10 = -3a+b \end{cases}$$

これを連立方程式として解く。

(2) x の値が 3 だけ増加すると，y の値は 4 だけ減少するから，変化の割合は $-\dfrac{4}{3}$

(3) 2 つのグラフが平行ならば，傾きが等しい。

❺(2) $\begin{cases} y = -2x+2 & \cdots\cdots ① \\ y = \dfrac{1}{3}x-3 & \cdots\cdots ② \end{cases}$

①，②を連立方程式として解くと

$$x = \dfrac{15}{7},\quad y = -\dfrac{16}{7}$$

となるから，①，②の交点の座標は

$$\left(\dfrac{15}{7},\ -\dfrac{16}{7}\right)$$

❻(1) 表より，変化の割合は $\dfrac{20-15}{6-4}=\dfrac{5}{2}$

したがって $y=\dfrac{5}{2}x+b$

$x=4$，$y=15$ を代入すると $b=5$

よって，求める式は $y=\dfrac{5}{2}x+5$

(2) $y=70$ を代入すると

$$70 = \dfrac{5}{2}x+5$$

$$x = 26$$

❼(1) x が 10 だけ増加すると，y は 2 だけ増加するから，傾きは $\dfrac{1}{5}$

よって，求める式は $y=\dfrac{1}{5}x$

(2) 時速 18 km で 12 km 進むのにかかる時間は，

時速 18 km ＝ 分速 300 m，12 km＝12000 m より，

$12000 \div 300 = 40$（分）

B さんが進んだようすをかき入れると，下の図のようになる。

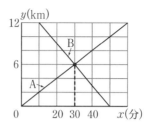

よって，A さんが出発してから 30 分後。

❽(1) $y = \dfrac{1}{2}\times 6 \times x = 3x$

(2) $y = \dfrac{1}{2}\times 6 \times 4 = 12$　（一定）

(3) DP＝$14-x$ より

$$y = \dfrac{1}{2}\times 6 \times(14-x) = -3x+42$$

(4) 点 P が辺 AB 上にあるとき

$$9 = 3x$$

$$x = 3$$

点 P が辺 CD 上にあるとき

$$9 = -3x+42$$

$$x = 11$$

4章 平行と合同

1節 説明のしくみ

2節 平行線と角

p.29-31 **Step 2**

❶ 18個

解き方 多角形を，1つの頂点から出る対角線で三角形に分けると，対角線によって，多角形は，

(頂点の数 −2)個の三角形に分けられる。

頂点の数が 20 であるから，分けられる三角形の個数は，20−2＝18(個)

❷ (1) 85°　　　　　　　　(2) 45°

(3) 180°　　　　　　　(4) 95°

解き方 (1) 対頂角は等しいから，$\angle a = 85°$

(2) $180°−(85°+50°)＝45°$

(3) $\angle c$ の対頂角と，$\angle a$，$\angle b$ との和は，一直線の角になる。

(4) $\angle d = 180°−85°＝95°$

【参考】

(2)　　　　　　(3)　　　　　　(4)

❸ $\angle a$ と $\angle f$ と $\angle d$，$\angle b$ と $\angle e$ と $\angle c$

解き方 $\angle a$ と $\angle f$ は同位角

$\angle f$ と $\angle d$ は対頂角

$\angle b$ と $\angle e$ は同位角

$\angle b$ と $\angle c$ は錯角

$\angle e$ と $\angle c$ は対頂角

❹ 平行…$a /\!/ c$，$b /\!/ d$　　　等しい角…$\angle y = \angle u$

解き方 同位角が 78° で等しいことから　$a /\!/ c$

錯角が 64° で等しいことから　$b /\!/ d$

$\angle x = 78°$　　$\angle y = 80°$

$\angle z = 180°−78°＝102°$

$b /\!/ d$ より，$\angle u = 80°$　　よって，$\angle y = \angle u$

❺ (1) 108°　　　　　　　(2) 68°

解き方 (1) $\angle x = 180°−72°＝108°$

(2) 平行線の同位角は等しいこと，対頂角は等しいことから，下の図より

$\angle x = 180°−(60°+52°)＝68°$

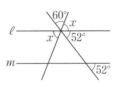

❻ (1) 82°　　　　　　　(2) 110°

解き方 (1) 下の図で $\angle y = 50°$ より

$\triangle ABC$ で

$\angle x = 180°−(48°+50°)＝82°$

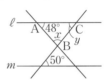

(2) 下の図のように，点 P を通る，ℓ と m に平行な直線をひく。

平行線の錯角は等しいから

$\angle x = 50°+60°＝110°$

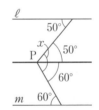

別解 次のように考えてもよい。

下の図のように補助線をひく。三角形の外角は，それととなり合わない 2 つの内角の和に等しいから

$\angle x = 50°+60°＝110°$

❼ (1) $65°$ (2) $55°$

(3) $55°$ (4) $128°$

【解き方】(1) 三角形の内角の和は $180°$ であるから

$\angle x = 180° - (55° + 60°) = 65°$

(2) 三角形の外角は，それととなり合わない 2 つの内角の和に等しいから

$\angle x + 75° = 130°$ $\angle x = 55°$

(3) 三角形の内角，外角の性質より

$\angle x + 60° = 95° + 20°$ $\angle x = 55°$

(4) $\angle a = 36° + 67°$

$= 103°$

$\angle x = 25° + 103°$

$= 128°$

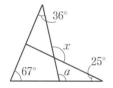

別解 1 補助線をひいて考える。

下の図のように補助線をひく。

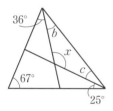

三角形の内角の和は $180°$ であるから

$\angle b + \angle c$

$= 180° - (36° + 67° + 25°)$

$= 52°$

$\angle x = 180° - (\angle b + \angle c) = 180° - 52° = 128°$

別解 2 補助線をひいて考える。

下の図のように補助線をひく。

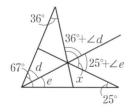

三角形の内角，外角の性質より

$\angle x = 36° + \angle d + 25° + \angle e$

$= 61° + \angle d + \angle e$

ここで，$\angle d + \angle e = 67°$ より

$\angle x = 61° + \angle d + \angle e = 61° + 67° = 128°$

❽ $65°$

【解き方】△ABC で $\angle$A と $\angle$C の外角の和は，

$360° - (180° - 50°) = 230°$ であるから

$\angle$DAC $+ \angle$DCA $= 230° \div 2 = 115°$

よって，$\angle$ADC $= 180° - 115° = 65°$

❾ (1) $900°$ (2) $140°$

(3) $24°$

【解き方】n 角形の内角の和は $180° \times (n-2)$

外角の和は $360°$

を利用する。

(1) $180° \times (7-2) = 900°$

(2) $180° \times (9-2) = 1260°$

$1260° \div 9 = 140°$

(3) $360° \div 15 = 24°$

❿ (1) $94°$ (2) $36°$

(3) $95°$ (4) $36°$

【解き方】(1) 四角形の内角の和は $360°$ であるから

$\angle x = 360° - (70° + 87° + 109°) = 94°$

(2) 六角形の内角の和は $720°$

$\angle a = 720° - (90° + 130° + 120° + 109° + 127°)$

$= 144°$

したがって

$\angle x = 180° - 144°$

$= 36°$

(3) 多角形の外角の和は $360°$

$\angle b = 360° - (45° + 75° + 70° + 85°)$

$= 85°$

したがって

$\angle x = 180° - 85°$

$= 95°$

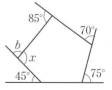

(4) 多角形の外角の和は 360° であるから

$$\angle x+2\angle x+3\angle x+4\angle x=360°$$
$$10\angle x=360°$$
$$\angle x=36°$$

⓫ 360°

解き方 下の図のように補助線をひくと

$$\angle a+\angle b=\angle p+\angle q$$

したがって，印のついた 6 つの角の和は，四角形の内角の和に等しくなる。

3節 合同な図形

p.33-35 Step ❷

❶ (1) 辺 A′B′　　(2) ∠B′
(3) 50°　　(4) 5 cm

解き方 (3) ∠B′ = ∠B = 60° より
∠A′ = 180° − (60° + 70°) = 50°

❷ △ABC≡△MON，2 組の辺とその間の角がそれぞれ等しい。
△DEF≡△RPQ，2 組の辺とその間の角がそれぞれ等しい。
△GHI≡△LKJ，1 組の辺とその両端の角がそれぞれ等しい。

解き方 合同条件にあてはめて考える。
BC=ON，CA=NM，∠ACB=∠MNO
DE=RP，FD=QR，∠EDF=∠PRQ
HI=KJ，∠GHI=∠LKJ，∠HIG=∠KJL

❸ (1) ∠B = ∠E，AC=DF
(2) ∠C = ∠F，AB=DE，∠B = ∠E
(3) AC=DF，AB=DE，BC=EF

解き方 合同条件にあてはまる場合をすべてあげる。
(1) BC=EF，AB=DE，∠B = ∠E ならば，2 組の辺とその間の角がそれぞれ等しくなる。

BC=EF，AB=DE，AC=DF ならば，3 組の辺がそれぞれ等しくなる。

(2) CA=FD，∠A = ∠D，∠C = ∠F ならば，1 組の辺とその両端の角がそれぞれ等しくなる。

CA=FD，∠A = ∠D，AB=DE ならば，2 組の辺とその間の角がそれぞれ等しくなる。

また　∠A = ∠D，∠B = ∠E ならば，∠C = ∠F となるから，

CA=FD，∠A = ∠D，∠B = ∠E ならば，1 組の辺とその両端の角がそれぞれ等しくなる。

(3) ∠C = ∠F，∠A = ∠D，AC=DF ならば，1 組の辺とその両端の角がそれぞれ等しくなる。

∠C = ∠F，∠A = ∠D から，∠B = ∠E となるから，
AB=DE または，BC=EF を加えても，それぞれ 1 組の辺とその両端の角がそれぞれ等しくなる。

❹ (1) 三角形…△OAD≡△OBC
条件…2 組の辺とその間の角がそれぞれ等しい。
(2) 三角形…△ABC≡△DBC
条件…3 組の辺がそれぞれ等しい。

解き方 (1) OA=OB，OD=OC
対頂角は等しいから　∠AOD=∠BOC
(2) AB=DB，AC=DC
共通な辺だから　BC=BC

❺ (1) 仮定…x は 9 の倍数
結論…x は 3 の倍数
(2) 仮定…△ABC≡△DEF
結論…∠C = ∠F

解き方 「○○○ならば□□□」の「ならば」の前の○○○の部分を仮定，「ならば」の後の□□□の部分を結論という。

❻ (1) 仮定…AM=BM，∠PMA = ∠PMB = 90°
結論…PA=PB
(2) △PMA と △PMB
(3) 2 組の辺とその間の角がそれぞれ等しい

解き方 (2) 線分の長さや角の大きさが等しいことを証明するとき，三角形の合同を使うことが多い。PA

と PB を対応する辺にもつ 2 つの三角形をさがす。

(3) △PMA と △PMB は

AM＝BM，∠PMA＝∠PMB＝90°，

共通な辺だから PM＝PM

❼ (1) 仮定…AD∥BF，AD＝FC

結論…AE＝FE

(2) ㋐△FCE ㋑錯角は等しい

㋒∠EFC ㋓∠ECF

㋔1 組の辺とその両端の角

㋕△FCE ㋖FE

解き方 記号は対応する頂点の順に書く。

㋒∠EAD＝∠EFC

❽ (1) 三角形…△OBC

合同条件…2 組の辺とその間の角がそれぞ
れ等しい。

(2) △ACE と △BDE

解き方 (1) △OAD と △OBC において

仮定から OA＝OB，OD＝OC

∠O は共通だから，2 組の辺とその間の角がそれぞれ
等しい。

(2) △ACE と △BDE において

(1)より ∠A＝∠B

(1)より，∠OCB＝∠ODA であるから

∠ACE＝∠BDE

仮定より，OA＝OB，OC＝OD であるから

OA－OC＝OB－OD

よって AC＝BD

したがって，1 組の辺とその両端の角がそれぞれ等し
いから

△ACE≡△BDE

❾ △ABP と △ACQ において

△ABC は正三角形であるから

AB＝AC ……①

△APQ は正三角形であるから

AP＝AQ ……②

また ∠PAB＝60°－∠BAQ＝∠QAC ……③

①，②，③より，2 組の辺とその間の角がそれ
ぞれ等しいから

△ABP≡△ACQ

合同な図形の対応する辺は等しいから

BP＝CQ

解き方 仮定…△ABC と △APQ が正三角形

結論…BP＝CQ

あることがらを証明するときには，それまでに認め
られたことがらを根拠として使う。

21

p.36-37 **Step ❸**

❶ (1) 144° (2) 2880° (3) 十四角形
(4) 正十五角形

❷ $a\,/\!/\,d$, $b\,/\!/\,c$, $e\,/\!/\,g$

❸ (1) 125° (2) 58° (3) 70° (4) 128° (5) 90°
(6) 30°

❹ (1) $\angle x$···90° $\angle y$···61° (2) 180°

❺ (1) 合同な三角形 △ABD≡△CBD
合同条件 3組の辺がそれぞれ等しい。
(2) 合同な三角形 △MAC≡△MBD
合同条件 1組の辺とその両端の角がそれ
ぞれ等しい。
(3) 合同な三角形 △ABD≡△CDB
合同条件 2組の辺とその間の角がそれぞ
れ等しい。

❻ △CAB と △DBA において
仮定から CA＝DB ……①
∠CAB＝∠DBA ……②
AB は共通 ……③
①，②，③より，2組の辺とその間の角がそれ
ぞれ等しいから △CAB≡△DBA
合同な図形の対応する辺は等しいから
BC＝AD

解き方

❶ n 角形の内角の和は 180°×(n−2)
外角の和は 360°
を利用する。
(1) 180°×(10−2)＝1440° 1440°÷10＝144°
(2) 180°×(18−2)＝2880°
(3) 180°×(n−2)＝2160° n−2＝12 n＝14
(4) 360°÷24°＝15

❷

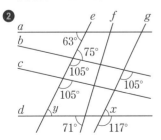

上の図より，同位角が 105°になるから $b\,/\!/\,c$, $e\,/\!/\,g$

$\angle x$＝180°−117°＝63°
$e\,/\!/\,g$より，同位角であるから $\angle y$＝$\angle x$＝63°
よって，錯角が 63°になるから $a\,/\!/\,d$

❸ 複雑な図形の場合は，補助線をひいて考える。
(1) $\angle x$ と 55°の和は，一直線の角になる。
よって $\angle x$＝180°−55°＝125°
(2) 三角形の外角は，それととなり合わない 2 つの
内角の和に等しいから
$\angle x$＋64°＝122° $\angle x$＝58°
(3)

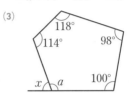

五角形の内角の和は 540°
$\angle a$＝540°−(100°＋98°＋118°＋114°)＝110°
よって $\angle x$＝180°−$\angle a$＝180°−110°＝70°
(4)

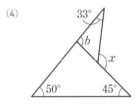

三角形の内角，外角の性質より
$\angle b$＝50°＋45°＝95°
$\angle x$＝33°＋95°＝128°
(5)

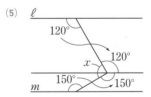

上の図のように，$\angle x$ の頂点を通る，ℓ, m に平
行な直線をひく。
平行線の錯角は等しいから
$\angle x$＝360°−(120°＋150°)＝90°
(6)

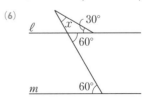

上の図のように，平行線の錯角と三角形の内角，
外角の性質より $\angle x$＋30°＝60° $\angle x$＝30°

❹ 図の中にあるいくつかの小さな三角形に着目し，三角形の内角，外角の性質を使う。

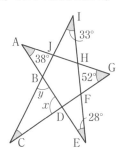

(1) △ADG，△EBI において，三角形の内角，外角の性質より

$$\angle x = \angle GAD + \angle DGA = 38° + 52° = 90°$$
$$\angle y = \angle BIE + \angle IEB = 33° + 28° = 61°$$

(2) (1)より，色をつけた角の大きさの和は，△CBD の内角の和に等しい。

❺ 合同条件にあてはめて考える。

(1) AB=CB，DA=DC，BD は共通
よって，3 組の辺がそれぞれ等しいから
　　△ABD≡△CBD

(2) CM=DM，∠C=∠D，対頂角は等しいから
　　∠AMC=∠BMD
よって，1 組の辺とその両端の角がそれぞれ等しいから　△MAC≡△MBD

(3) AB=CD，∠ABD=∠CDB，BD は共通
よって，2 組の辺とその間の角がそれぞれ等しいから　△ABD≡△CDB

❻ 仮定…CA=DB，∠CAB=∠DBA
結論…BC=AD

5 章 三角形と四角形

1 節 三角形

p.39-41　**Step ②**

❶ (1) 50°　　(2) 55°　　(3) 105°
　 (4) 50°　　(5) 90°　　(6) 36°

解き方 どの角が底角か見きわめる。

(1) 二等辺三角形の底角は等しいから　∠x=50°

(2) ∠x=(180°−70°)÷2=55°

(3)

∠a=(180°−30°)÷2=75°
∠x=180°−75°=105°

(4)

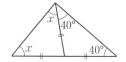

∠x+∠x+40°+40°=180°
　　　　∠x=50°

(5) 二等辺三角形の頂角の二等分線は，底辺を垂直に2 等分するから　∠x=90°

(6) ∠x+2∠x+2∠x=180°
　　　　∠x=36°

❷ (1) 仮定…AB=AC，BC⊥AD
　　　結論…BD=CD

(2) △ABD と △ACD において
仮定より，BC⊥AD であるから
　　∠ADB=∠ADC=90°
△ABC は二等辺三角形であるから
　　AB=AC　……①
　　∠ABD=∠ACD　……②
三角形の内角の和は 180°であるから，残りの角も等しい。
したがって
　　∠BAD=∠CAD　……③
①，②，③より，1 組の辺とその両端の角がそれぞれ等しいから

△ABD≡△ACD

合同な図形の対応する辺は等しいから

BD＝CD

別解

△ABD と △ACD において

仮定より， BC⊥AD であるから

∠ADB＝∠ADC＝90°

△ABC は二等辺三角形であるから

AB＝AC ……①

∠ABD＝∠ACD ……②

三角形の内角の和は 180° であるから，残りの角も等しい。

したがって

∠BAD＝∠CAD ……③

AD は共通 ……④

①，③，④より，2組の辺とその間の角がそれぞれ等しいから

△ABD≡△ACD

合同な図形の対応する辺は等しいから

BD＝CD

解き方 三角形の内角の和は 180° であることを利用して，∠BAD＝∠CAD を導く。

❸ △ABD と △ACE において

△ABC は正三角形であるから

AB＝AC ……①

△ADE は正三角形であるから

AD＝AE ……②

また ∠BAD＝60°−∠CAD

∠CAE＝60°−∠CAD

よって ∠BAD＝∠CAE ……③

①，②，③より，2組の辺とその間の角がそれぞれ等しいから

△ABD≡△ACE

合同な図形の対応する辺は等しいから

BD＝CE

解き方 正三角形の性質を利用して証明する。

仮定…△ABC，△ADE は正三角形

結論…BD＝CE

❹ DB＝DC より，△DBC は二等辺三角形であるから

∠DBC＝∠DCB……①

DB，DC は，それぞれ，∠ABC，∠ACB の二等分線であるから ∠ABC＝2∠DBC

∠ACB＝2∠DCB

①より， ∠ABC＝∠ACB

よって，2つの角が等しいから，△ABC は二等辺三角形である。

解き方 二等辺三角形の性質を利用して証明する。

仮定…∠ABD＝∠DBC，∠ACD＝∠DCB，

DB＝DC

結論…△ABC は二等辺三角形

❺ △DBC と △ECB において

仮定から DC＝EB ……①

△ABC は二等辺三角形であるから

∠DCB＝∠EBC ……②

また BC は共通 ……③

①，②，③より，2組の辺とその間の角がそれぞれ等しいから

△DBC≡△ECB

合同な図形の対応する角は等しいから

∠PBC＝∠PCB

よって，2つの角が等しいから，△PBC は二等辺三角形である。

解き方 仮定…AB＝AC，DC＝EB

結論…△PBC は二等辺三角形

❻ (1)錯角が等しければ，2直線は平行である。

正しい。

(2)4つの辺の長さが等しければ正方形である。

正しくない。

(3)偶数は 4 の倍数である。正しくない。

解き方 反例(あることがらが成り立たない例)を1つ示せば，正しくないことがいえる。

(2)ひし形も 4 つの辺の長さが等しい。

(3)2，6 などは 4 の倍数ではない。

❼ △ABC≡△LKJ，△DEF≡△GHI

解き方 記号は対応する頂点の順に書く。

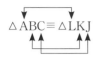

❽ △COP と △DOP において

点 P は，OA，OB から等しい距離にあるから
$$CP＝DP \qquad ……①$$
また　∠PCO＝∠PDO＝90° ……②
　　　OP は共通　　　　……③

①，②，③より，直角三角形で，斜辺と他の1
辺がそれぞれ等しいから
$$△COP≡△DOP$$
合同な図形の対応する角は等しいから
$$∠COP＝∠DOP$$
すなわち　OP は ∠AOB の二等分線である。

解き方 直角三角形の合同を利用して証明する。

❾ △PBM と △QCM において
$$∠MPB＝∠MQC＝90° ……①$$
M は BC の中点だから
$$MB＝MC \qquad ……②$$
△ABC は二等辺三角形であるから
$$∠B＝∠C \qquad ……③$$
①，②，③より，直角三角形で，斜辺と1つ
の鋭角がそれぞれ等しいから
$$△PBM≡△QCM$$
合同な図形の対応する辺は等しいから
$$MP＝MQ$$

解き方 まず，△PBM と △QCM の合同を証明して，
MP＝MQ を導く。

❿ (1) △ABD と △ACE において
仮定から　　AB＝AC　　　……①
　　　　　∠ADB＝∠AEC＝90° ……②
また　　　　∠A は共通　　　……③
①，②，③より，直角三角形で，斜辺と1つ
の鋭角がそれぞれ等しいから
$$△ABD≡△ACE$$

合同な図形の対応する辺は等しいから
$$AD＝AE$$
(2) 三角形の名前…二等辺三角形
仮定から　∠ABC＝∠ACB
(1)より，　∠ABD＝∠ACE
　　　　　∠FBC＝∠ABC－∠ABD
　　　　　∠FCB＝∠ACB－∠ACE
よって　　∠FBC＝∠FCB
すなわち，2つの角が等しいから，△FBC は
二等辺三角形である。
(3) △AED は二等辺三角形，
△BDE≡△CED，ED∥BC など。

解き方 (3) AD＝AE より，2つの辺が等しいから，
△AED は二等辺三角形である。

2 節 平行四辺形

p.43-45　Step ❷

❶ (1) $x＝120$　　(2) $x＝4$　　(3) $x＝2$

解き方 (1) 対角は等しいから，$x°＝120°$
(2) 対辺は等しいから，BC＝AD
(3) 対角線はそれぞれの中点で交わるから
OC＝OA

❷ ㋐△CDF　　　　　　　　㋑CD
　㋒∠D　　　　　　　　　㋓DF
　㋔2 組の辺とその間の角　㋕CF

解き方 △ABE≡△CDF を証明して，
AE＝CF を導く。

❸ (1) △OCF
(2) △OAE と △OCF において
仮定から　OE＝OF　　　……①
平行四辺形の対角線はそれぞれの中点で交わ
るから　　OA＝OC　　　……②
対頂角は等しいから
　　　　　∠AOE＝∠COF ……③
①，②，③より，2組の辺とその間の角がそれ
ぞれ等しいから
$$△OAE≡△OCF$$

合同な図形の対応する辺は等しいから
$$AE=CF$$
解き方 △OAE≡△OCF を，平行四辺形の対角線
はそれぞれの中点で交わることを利用して証明し，
AE＝CF を導く。

❹ ㋑，㋒，㋔

解き方 ㋐　AB∥DC に加えて　AD∥BC
または，AB＝DC であることが必要。

㋑∠A＋∠B＝180°より　AD∥BC
∠B＋∠C＝180°より　AB∥DC
2 組の対辺がそれぞれ平行であるから，平行四辺形
となる。

㋒2 組の対辺がそれぞれ等しいから，平行四辺形であ
る。

㋓対角線の長さが等しいことではなく，それぞれの
中点で交わることが平行四辺形の条件。

㋔対角線がそれぞれの中点で交わるから，平行四辺
形である。

㋕AB と BC，CD と DA は対辺ではない。

❺ 四角形 PQRS において
平行四辺形の対角線はそれぞれの中点で交わ
るから　　OA＝OC
OB＝OD
P と R はそれぞれ OA，OC の中点であるから
OP＝OR　　……①
Q と S はそれぞれ OB，OD の中点であるから
OQ＝OS　　……②
①，②より，O は PR，QS の中点である。
したがって，対角線がそれぞれの中点で交わ
るから，四角形 PQRS は平行四辺形である。

解き方 P，Q，R，S がそれぞれどのような点なの
かを考えれば，四角形 PQRS の特徴がわかる。ここ
では，対角線がそれぞれの中点で交われば，平行四
辺形であることを利用して証明する。

❻ ㋐DO
㋑2 組の辺とその間の角
㋒AD　　　　　　　　㋓対辺

解き方 対角線が垂直に交わることがわかっている
ので，これを使って，辺の長さが等しいことを示す。
ひし形の定義は，「4 つの辺がすべて等しい四角形」で
あるので，平行四辺形 ABCD のすべての辺の長さが
等しいことを証明する。

❼ △ABE と △ADF において
仮定から　∠AEB＝∠AFD＝90°　……①
BE＝DF　　　　　　……②
平行四辺形の対角は等しいから
∠ABE＝∠ADF　　　　……③
①，②，③より，1 組の辺とその両端の角がそ
れぞれ等しいから，
△ABE≡△ADF
合同な図形の対応する辺は等しいから
AB＝AD
すなわち，平行四辺形のとなり合う辺の長さ
が等しいから，4 つの辺がすべて等しくなり，
□ABCD はひし形である。

解き方 問題からわかることを図にかきこんで考え
る。ここでは，△ABE≡△ADF を証明して，
AB＝AD であることを導く。ひし形の定義は，「4
つの辺がすべて等しい四角形」であるので，平行四辺
形 ABCD のすべての辺の長さが等しいことを証明す
る。

❽ △ACF＝△ACE＝△ABE＝△BCF

解き方 「底辺と高さの等しい 2 つの三角形の面積は
等しい」ことを利用する。
EF∥AC より　△ACF＝△ACE
AD∥BC より　△ACE＝△ABE
AB∥DC より　△ACF＝△BCF
よって，△ACF と面積が等しい三角形は，
△ACE，△ABE，△BCF

❾ △APD：□ABCD＝3：10

解き方 高さが等しい三角形の面積の比は，底辺の
比になるから，
DP：PC＝3：2 より
△APD：△APC＝3：2

よって

  △APD：△ADC＝3：(3＋2)＝3：5

また

  △ADC：□ABCD＝1：2

したがって

  △APD：□ABCD＝3：(5×2)

          ＝3：10

❿ (1) AC∥DE より

        △ACD＝△ACE

    四角形 ABCD＝△ABC＋△ACD

        △ABE＝△ABC＋△ACE

    よって

    四角形 ABCD＝△ABE

  (2)① BE   ②中点

解き方 (1) AC∥DE より，底辺が同じで高さが等しいから，△ACD と △ACE の面積は等しくなる。
すなわち △ACD＝△ACE

(2)(1)より，四角形 ABCD＝△ABE であるから，直線 AP が四角形 ABCD の面積を2等分することは，△ABE の面積を2等分することと同じである。
したがって，点 P は BE の中点である。

---

❶ (1) 55° (2) 22° (3) 6° (4) 105°

❷ (1)① △DBC と △ECB
    ②1組の辺とその両端の角がそれぞれ等しい。
    ③二等辺三角形
  (2)① △ACP と △AQP
    ②直角三角形で，斜辺と1つの鋭角がそれぞれ等しい。

❸ (1) 2組の対辺の長さがそれぞれ等しい四角形は，平行四辺形である。
  正しい
  (2) $xy<0$ ならば，$x<0$，$y>0$ である。
  正しくない

❹ (1) △ADC
  (2) △DBE

❺ 解き方参照

❻ 解き方参照

解き方

❶ わかることを図にかきこみながら考える。

(1) $\angle x＝110°÷2＝55°$

(2) $\angle x＋\angle x＝180°－(68°＋68°)$

  $2\angle x＝44°$

  $\angle x＝22°$

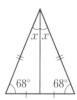

(3) $\angle a＝180°－(62°＋62°)$

    $＝56°$

  $\angle x＝62°－56°＝6°$

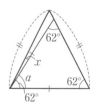

(4) $\angle b＝180°－(90°＋45°)$

    $＝45°$

平行四辺形では，2組の
対角はそれぞれ等しいから

$\angle x＝60°$ $\angle x＋\angle b＝60°＋45°＝105°$

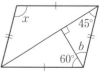

❷ (1)①DC と EB をふくむ三角形を選ぶ。

②△ABC が二等辺三角形であるから

∠DCB＝∠EBC

仮定から ∠DBC＝∠ECB

また，BC は共通

1 組の辺とその両端の角がそれぞれ等しい。

③仮定より ∠DBC＝∠ECB

2 つの角が等しいから，△PBC は二等辺三角形である。

(2)①PC と PQ をふくむ三角形を選ぶ。

②AP は ∠A の二等分線であるから

∠PAC＝∠PAQ また，AP は共通

∠ACP＝∠AQP＝90°

直角三角形で，斜辺と 1 つの鋭角がそれぞれ等しい。

❸ (1)「～ならば，…」の文になっていないが，詳しく書くと，「ある四角形があって，その四角形が平行四辺形ならば，2 組の対辺の長さはそれぞれ等しい。」となる。

逆は，「ある四角形があって，その四角形の 2 組の対辺の長さがそれぞれ等しいならば，その四角形は平行四辺形である。」となる。

(2) 反例は，$x＝1$，$y＝-2$ のように，$x＞0$，$y＜0$ である x，y の組み合わせであれば，どのようなものでもよい。

❹ (1) △ABE＝△ADE＋△DEB

△ADC＝△ADE＋△DEC

DE∥BC より △DEB＝△DEC

よって △ABE＝△ADC

(2) △AEF＝△BEF＋△ABF

△DBE＝△BEF＋△DBF

AD∥BF より △ABF＝△DBF

よって △AEF＝△DBE

❺ 四角形 AECF において

AD∥BC より AF∥EC ……①

仮定から ∠FAE＝$\frac{1}{2}$∠BAD ……②

∠FCE＝$\frac{1}{2}$∠DCB ……③

平行四辺形では，2 組の対角はそれぞれ等しいから

∠BAD＝∠DCB ……④

②，③，④から ∠FAE＝∠FCE ……⑤

平行線の錯角は等しいから

∠FAE＝∠AEB ……⑥

⑤，⑥から ∠FCE＝∠AEB

同位角が等しいから AE∥FC ……⑦

①，⑦より，2 組の対辺がそれぞれ平行であるから，四角形 AECF は平行四辺形である。

別解 次のように考えてもよい。

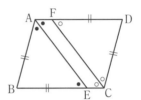

AD∥BC より，平行線の錯角は等しいから

∠AEB＝∠DAE，∠DFC＝∠FCB

よって，△BAE と △DCF は 2 つの角が等しいから，二等辺三角形で

BE＝BA，DC＝DF ……①

平行四辺形の 2 組の対辺はそれぞれ等しいから

BA＝DC，DA＝BC ……②

また FA＝DA－DF

EC＝BC－BE ……③

①，②，③から AF＝EC ……④

四角形 ABCD は平行四辺形であるから

AF∥EC ……⑤

④，⑤より，1 組の対辺が平行でその長さが等しいから，四角形 AECF は平行四辺形である。

❻ △ABF と △ADC において

四角形 ADEB，四角形 ACGF は正方形であるから

AB＝AD ……①

AF＝AC ……②

また

∠BAF＝∠CAF＋∠BAC＝90°＋∠BAC

∠DAC＝∠BAD＋∠BAC＝90°＋∠BAC

よって ∠BAF＝∠DAC ……③

①，②，③より，2 組の辺とその間の角がそれぞれ等しいから △ABF≡△ADC

合同な図形の対応する辺は等しいから BF＝DC

6 章 確率

1節 確率

2節 確率による説明

p.49 Step ❷

❶ ⑦

解き方 あることがらが起こると期待される程度を数で表したものを，そのことがらの起こる確率という。

❷ (1) $\dfrac{1}{3}$　　(2) $\dfrac{3}{10}$　　(3) 0　　(4) $\dfrac{1}{2}$

解き方 (1) 起こりうる場合が全部で6通りあり，1または2の目が出る場合は，2通りある。求める確率は $\dfrac{2}{6} = \dfrac{1}{3}$

(2) 起こりうる場合が全部で10通りあり，あたりくじをひく場合は，3通りある。求める確率は $\dfrac{3}{10}$

(3) 起こりうる場合が全部で13通りある。13枚のダイヤのトランプから，ハートのトランプをひくことは決して起こらない。

(4) 当番になる人の組み合わせをすべてあげる。
{A, B}, {A, C}, {A, D}, {B, C}, {B, D}, {C, D}
の6通りあり，このうち，Aが当番に選ばれる場合は，3通りある。求める確率は $\dfrac{3}{6} = \dfrac{1}{2}$

❸ (1) $\dfrac{5}{36}$　　(2) $\dfrac{1}{9}$　　(3) $\dfrac{17}{18}$

解き方 大小2つのさいころを投げるとき，起こりうる場合は全部で36通りあり，どの場合が起こることも同様に確からしい。

(1) 出た目の数の和が8となるのは
〔2, 6〕, 〔3, 5〕, 〔4, 4〕, 〔5, 3〕, 〔6, 2〕
の5通りあるから，求める確率は $\dfrac{5}{36}$

(2) 出た目の数の差が4となるのは
〔1, 5〕, 〔2, 6〕, 〔5, 1〕, 〔6, 2〕
の4通りあるから，求める確率は $\dfrac{4}{36} = \dfrac{1}{9}$

(3) 出た目の数の和が3となるのは，〔1, 2〕, 〔2, 1〕の2通りあるから，出た目の数の和が3となる確率は $\dfrac{2}{36} = \dfrac{1}{18}$

（Aの起こらない確率）＝1－（Aの起こる確率）
より，出た目の数の和が3にならない確率は

$1 - \dfrac{1}{18} = \dfrac{17}{18}$

❹ (1) 20 通り　　　(2) $\dfrac{1}{10}$

解き方 (1) あたりくじを①，②，はずれくじを③，④，⑤で表すと，樹形図は下のようになり，全部で20通りある。

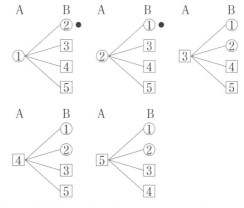

(2) (1)の樹形図で2人ともあたるのは，●をつけた2通りある。よって，確率は $\dfrac{2}{20} = \dfrac{1}{10}$

❺ $\dfrac{1}{6}$

解き方 男子のなかから1人，女子のなかから1人選ぶ組み合わせをすべてあげると
{A, D}, {A, E}, {B, D}, {B, E}, {C, D}, {C, E}
の6通りあり，どの場合が起こることも同様に確からしい。このうち，AとDが選ばれる場合は，1通りあるから，求める確率は $\dfrac{1}{6}$

p.50-51　Step 3

❶ (1)× (2)× (3)○

❷ (1)$\dfrac{1}{6}$ (2)$\dfrac{1}{2}$ (3)$\dfrac{2}{3}$

❸ (1)樹形図

$$A \begin{cases} B \\ C \\ D \end{cases} \qquad B \begin{cases} C & C{-}D \\ D \end{cases}$$

選び方…6通り

(2)$\dfrac{1}{2}$

❹ (1)$\dfrac{2}{5}$ (2)$\dfrac{3}{5}$

❺ (1)$\dfrac{2}{5}$ (2)$\dfrac{3}{10}$ (3)どちらも確率は$\dfrac{2}{5}$で同じ。

❻ $\dfrac{1}{5}$

❼ (1)$\dfrac{1}{9}$ (2)$\dfrac{7}{18}$

❽ (1)頂点A (2)$\dfrac{1}{3}$

解き方

❶ (1)縦，横，高さが同じであれば，どの目が出ることも同様に確からしい。

(2)さいころを600回投げると，5の目が出る回数は，ほぼ100回になると考えられるが，かならず100回出るとは限らない。

(3)100円硬貨を1回投げると，表または裏の2通りの出方しかない。かならず起こることがらの確率だから1である。

❷ (1)起こりうる場合が全部で6通りあり，どの場合が起こることも同様に確からしい。

5の目が出る場合は1通りだから，求める確率は$\dfrac{1}{6}$

(2)2の倍数は2，4，6の3通りあるから，求める確率は$\dfrac{3}{6}=\dfrac{1}{2}$

(3)6の約数は1，2，3，6の4通りあるから，求める確率は$\dfrac{4}{6}=\dfrac{2}{3}$

❸ (2)樹形図より，Bが選ばれるのはAとB，BとC，

BとDの3通りあるから，求める確率は$\dfrac{3}{6}=\dfrac{1}{2}$

❹ (1)つくることができる2けたの整数は，

<u>12</u>，13，<u>14</u>，15，21，23，<u>24</u>，25，31，<u>32</u>，<u>34</u>，35，41，<u>42</u>，43，45，51，<u>52</u>，53，<u>54</u> の20個あり，このうち偶数は下線をつけた8個。

求める確率は$\dfrac{8}{20}=\dfrac{2}{5}$

(2)奇数は，20個のうち偶数を除いた個数だから，求める確率は$1-\dfrac{2}{5}=\dfrac{3}{5}$

❺ (1)あたりくじを①，②，はずれくじを③，④，⑤とすると，樹形図は下の図のようになり，くじのひき方は全部で20通りある。

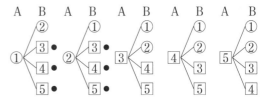

Aがあたるのは8通りだから，

求める確率は$\dfrac{8}{20}=\dfrac{2}{5}$

(2)Aがあたり，Bがはずれるのは，上の図で●をつけた6通り。求める確率は$\dfrac{6}{20}=\dfrac{3}{10}$

(3)Bがあたるのは，上の図から8通りだから，あたる確率は$\dfrac{8}{20}=\dfrac{2}{5}$　したがって，AもBもあたる確率は同じである。

❻ 起こりうる場合は，

{赤₁，赤₂}，{赤₁，白₁}，{赤₁，白₂}，{赤₁，青}，
{赤₂，白₁}，{赤₂，白₂}，{赤₂，青}，<u>{白₁，白₂}</u>，
{白₁，青}，{白₂，青}の10通り。

2個とも同じ色である場合は下線の2通りあるから，

求める確率は$\dfrac{2}{10}=\dfrac{1}{5}$

❼ (1)起こりうる場合が全部で36通りあり，どの場合が起こることも同様に確からしい。

$x+y=5$が成り立つ場合は，(x, y)とすると
$(1, 4)$，$(2, 3)$，$(3, 2)$，$(4, 1)$

の4通りあるから，求める確率は$\dfrac{4}{36}=\dfrac{1}{9}$

(2) $\dfrac{y}{x}$ が整数になる場合は，

〔1，1〕，〔1，2〕，〔1，3〕，〔1，4〕，〔1，5〕，

〔1，6〕，〔2，2〕，〔2，4〕，〔2，6〕，〔3，3〕，

〔3，6〕，〔4，4〕，〔5，5〕，〔6，6〕

の 14 通りあるから，求める確率は $\dfrac{14}{36}=\dfrac{7}{18}$

❽(1) 1 回目と 2 回目の出た目の数の和が 3 の倍数の場合，点 P は頂点 A にもどる。

(2) 起こりうる場合が全部で 36 通りあり，どの場合が起こることも同様に確からしい。

2 回投げて最後の位置が頂点 B である場合は，1 回目と 2 回目の出た目の数の和が 4，7，10 の場合であるから

〔1，3〕，〔1，6〕，〔2，2〕，〔2，5〕，〔3，1〕，

〔3，4〕，〔4，3〕，〔4，6〕，〔5，2〕，〔5，5〕，

〔6，1〕，〔6，4〕

の 12 通り。

よって，求める確率は $\dfrac{12}{36}=\dfrac{1}{3}$

7章 データの比較

1節 四分位範囲と箱ひげ図

p.53-55 **Step ❷**

❶(1) 最小値…62 点　　　最大値…95 点

(2) 第 1 四分位数…75 点

第 2 四分位数…83 点

第 3 四分位数…87 点

(3) 範囲…33 点　　　四分位範囲…12 点

解き方 (1) 最小値は，箱の左にあるひげの左端，最大値は，箱の右にあるひげの右端に表される。

(2) 第 1 四分位数は箱の左端，第 2 四分位数は箱の中の線，第 3 四分位数は箱の右端に表される。

(3) (範囲)＝(最大値)－(最小値)より　95－62＝33(点)

(四分位範囲)＝(第 3 四分位数)－(第 1 四分位数)より

87－75＝12(点)

❷(1) 第 1 四分位数… 7 冊　第 2 四分位数…13 冊

第 3 四分位数…22 冊

(2) 15 冊

(3)

解き方 (1) 第 2 四分位数は 8 番目と 9 番目の平均値を求めて　$\dfrac{13+13}{2}=13$(冊)

第 1 四分位数は，最小値をふくむほうの 8 個のデータの中央値で，$\dfrac{6+8}{2}=7$(冊)

第 3 四分位数は，最大値をふくむほうの 8 個のデータの中央値で，$\dfrac{20+24}{2}=22$(冊)

(2) 22－7＝15(冊)

❸(ウ)

解き方 ヒストグラムから，箱ひげ図のおおよその形を予想することができる。ヒストグラムの山が左寄りにある場合，箱ひげ図の箱の位置は左寄りに，山が右寄りにある場合，箱は右寄りになる。また，山が左右対称な場合，箱の位置はほぼ中央となる。

問題の箱ひげ図の⑦と⑦の箱の位置は右寄り，⑦は左寄りである。ヒストグラムの山は左寄りになっているから，⑦と対応している。

❹ ㊴

解き方 箱ひげ図から分かる値を表にまとめると，次のようになる。

	1組	2組
最小値	1	4
第1四分位数	6	8
第2四分位数	10	10
第3四分位数	14	15
最大値	18	19
範囲	17	15
四分位範囲	8	7

(単位　回)

⑦範囲も四分位範囲も1組のほうが大きいから，1組のほうが散らばり方が大きいといえる。

⑦四分位範囲は2組のほうが小さい。

⑦最小値は，1組が1回，2組が4回だから，1組も2組も4回以下の生徒がいる。

㊴1組も2組も中央値は10回であるが，箱ひげ図からは最頻値はわからない。

よって，正しくないのは㊴

❺ 優勝チーム…Cグループ

　説明…箱の位置に大きな差はない。中央値を比べるとCグループがいちばん大きいから，シュートの成功率が他のグループより高い傾向にあると考えられる。

解き方 シュートの成功率の高いほうが優勝すると予想できる。箱ひげ図では，箱の位置が右寄りで，中央値が大きいほうがシュートの成功率が高いといえる。

❻ 炭酸飲料は，気温が高いほうが売れる傾向にあるといえる。茶系飲料は，売れ方は気温に左右されにくい傾向にあるといえる。

解き方 炭酸飲料の箱ひげ図の箱は，気温が高いほど右寄りにあり，また中央値も大きい。茶系飲料では，箱の位置も中央値も気温による大きな差はない。

❶(1) A グループ　第1四分位数…16.5 m
　　　　　　　　第2四分位数…19 m
　　　　　　　　第3四分位数…25 m
　　　Bグループ　第1四分位数…15.5 m
　　　　　　　　第2四分位数…17.5 m
　　　　　　　　第3四分位数…23 m

(2) A グループ…8.5 m　Bグループ…7.5 m

(3)
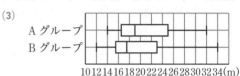
Aグループ
Bグループ
10 12 14 16 18 20 22 24 26 28 30 32 34 (m)

(4) B グループ

❷(1) ⑦　(2) ⑦　(3) ⑦

解き方

❶(1) A グループの中央値は短いほうから5番目の値で19 m

第1四分位数は2番目と3番目の平均値で

$$\frac{16+17}{2} = 16.5 \,(\text{m})$$

第3四分位数は7番目と8番目の平均値で

$$\frac{22+28}{2} = 25 \,(\text{m})$$

Bグループの中央値は短いほうから4番目と5番目の平均値で　$\frac{17+18}{2} = 17.5 \,(\text{m})$

第1四分位数は2番目と3番目の平均値で

$$\frac{15+16}{2} = 15.5 \,(\text{m})$$

第3四分位数は6番目と7番目の平均値で

$$\frac{20+26}{2} = 23 \,(\text{m})$$

(2) A グループ　$25-16.5=8.5 (\text{m})$
　　Bグループ　$23-15.5=7.5 (\text{m})$

(4) 箱ひげ図から，分布の範囲が大きいのはBグループのほうである。

❷ ヒストグラムを見ると，(1)と(3)に比べて(2)の分布の散らばりが小さいから，(2)に対応するのは⑦。また，(1)の分布の山はほぼ対称で，(3)の山は右寄りになっている。よって，(1)が⑦，(3)が⑦。

テスト前 ☑ やることチェック表

① まずはテストの目標をたてよう。頑張ったら達成できそうなちょっと上のレベルを目指そう。
② 次にやることを書こう（「ズバリ英語〇ページ，数学〇ページ」など）。
③ やり終えたら□に✔を入れよう。
　　最初に完ぺきな計画をたてる必要はなく，まずは数日分の計画をつくって，
　　その後追加・修正していっても良いね。

目標			

	日付	やること1	やること2
2週間前	／	☐	☐
	／	☐	☐
	／	☐	☐
	／	☐	☐
	／	☐	☐
	／	☐	☐
	／	☐	☐
1週間前	／	☐	☐
	／	☐	☐
	／	☐	☐
	／	☐	☐
	／	☐	☐
	／	☐	☐
	／	☐	☐
テスト期間	／	☐	☐
	／	☐	☐
	／	☐	☐
	／	☐	☐
	／	☐	☐

QRコードのページに登録すると，「ぴたリンク」からも表をダウンロードできるよ

テスト前 ☑ やることチェック表

① まずはテストの目標をたてよう。頑張ったら達成できそうなちょっと上のレベルを目指そう。
② 次にやることを書こう（「ズバリ英語〇ページ，数学〇ページ」など）。
③ やり終えたら□に✔を入れよう。
　最初に完ぺきな計画をたてる必要はなく，まずは数日分の計画をつくって，
　その後追加・修正していっても良いね。

目標

	日付	やること1	やること2
2週間前	／	☐	☐
	／	☐	☐
	／	☐	☐
	／	☐	☐
	／	☐	☐
	／	☐	☐
	／	☐	☐
1週間前	／	☐	☐
	／	☐	☐
	／	☐	☐
	／	☐	☐
	／	☐	☐
	／	☐	☐
テスト期間	／	☐	☐
	／	☐	☐
	／	☐	☐
	／	☐	☐
	／	☐	☐

キリトリ線

数学2年　東京書籍版

ズバリよくでる → 直前

チェック BOOK

- テストに**ズバリよくでる!**
- **用語・公式や例題**を掲載!

数学

――――――
東京書籍版
2年

赤シートで
何度でも!

1章 式の計算

1 単項式と多項式

□数や文字についての乗法だけでつくられた式を 単項式 という。
□単項式の和の形で表された式を 多項式 という。

2 重要 多項式の加法，減法

□同類項は，$ax+bx=$ $(a+b)x$ を使って，1 つの項にまとめることができる。

例 $2a+3b+3a-2b=2a+3a+3b-2b$

$$=(2+\boxed{3})a+(3-\boxed{2})b$$

$$=\boxed{5a+b}$$

3 多項式と数の乗法

□多項式と数の乗法は，分配法則 $a(b+c)=$ $ab+ac$ を使って計算できる。

4 単項式の乗法，除法

□単項式どうしの乗法は，係数の積に 文字の積 をかける。

例 $2x\times(-5y)=2\times\boxed{(-5)}\times x\times y$

$$=\boxed{-10xy}$$

□乗法と除法の混じった式では，

$$A\div B\times C=\boxed{\dfrac{A\times C}{B}} \qquad A\div B\div C=\boxed{\dfrac{A}{B\times C}}$$

を使って計算する。

1 3つの続いた整数

□ 3つの続いた整数のうち，もっとも小さい整数を n とすると，3つ の続いた整数は，n，$\boxed{n+1}$，$\boxed{n+2}$ と表される。

2 偶数と奇数

□ m を整数とすると，偶数は $\boxed{2m}$ と表される。

□ n を整数とすると，奇数は $\boxed{2n+1}$ と表される。

3 2けたの整数

□ 2けたの正の整数は，十の位の数を x，一の位の数を y とすると，$\boxed{10x+y}$ と表される。

4 重要 等式の変形

□ $x+y=6$ を $x=6-y$ のように式を変形することを $\boxed{x \text{ について解く}}$ という。

|例| $2x=3y+4$ を x について解く。

両辺を $\boxed{2}$ でわると $\qquad x=\boxed{\dfrac{3}{2}y+2}\quad \left(\dfrac{3y+4}{2}\right)$

|例| $2x=3y+4$ を y について解く。

両辺を入れかえると $\qquad 3y+4=2x$

$\boxed{4}$ を移項すると $\qquad 3y=2x-\boxed{4}$

両辺を $\boxed{3}$ でわると $\qquad y=\boxed{\dfrac{2x-4}{3}}$

教 p.36〜45

1 **重要** 加減法

□文字 x をふくむ 2 つの方程式から，x をふくまない 1 つの方程式
をつくることを，x を 消去する という。

□連立方程式を解くのに，左辺どうし，右辺どうしを加えたりひいた
りして，1 つの文字を消去して解く方法を 加減法 という。

$$
\begin{array}{ll}
A=B & A=B \\
\underline{+)\quad C=D} & \underline{-)\quad C=D} \\
A+C=\boxed{B+D} & A-C=\boxed{B-D}
\end{array}
$$

例 $\begin{cases} 5x+y=7 & \cdots\cdots ① \\ 3x-y=1 & \cdots\cdots ② \end{cases}$

①と②の左辺どうし，右辺どうしを加えると

$$
\begin{array}{r}
5x+y=7 \\
\underline{+)\quad 3x-y=1} \\
8x\quad\ \ =\boxed{8} \\
x=\boxed{1}
\end{array}
$$

$x=1$ を①に代入して y の値を求めると

$$5+y=7$$

$$y=\boxed{2}$$

答　$x=\boxed{1}$，$y=\boxed{2}$

2 代入法

□連立方程式を解くのに，一方の式を他方の式に代入することによっ
て文字を消去して解く方法を 代入法 という。

4

1 かっこがある連立方程式

　□かっこがある式は，　かっこ　をはずして整理する。

2 重要 係数が整数でない連立方程式

　□係数に分数があるときは，その式の　分母をはらって　，x や y の

　　係数を整数にする。

例 $\begin{cases} y = -x - 1 & \cdots\cdots ① \\ \dfrac{x}{2} + \dfrac{y}{3} = -1 & \cdots\cdots ② \end{cases}$

$② \times \boxed{6} \quad \left(\dfrac{x}{2} + \dfrac{y}{3} \right) \times \boxed{6} = (-1) \times \boxed{6}$

$\qquad\qquad\qquad 3x + 2y = -6 \quad \cdots\cdots ②'$

①を②′ に代入すると　$3x + 2(\boxed{-x-1}) = -6$

$\qquad\qquad\qquad\qquad 3x - 2x - 2 = -6$

$\qquad\qquad\qquad\qquad\qquad x = \boxed{-4}$

$x = \boxed{-4}$ を①に代入すると　$y = \boxed{3}$

$\qquad\qquad\qquad\qquad$ 答　$x = \boxed{-4}$ ，$y = \boxed{3}$

　□係数に小数があるときは，両辺を　10　倍，　100　倍，…して，

　　x や y の係数を整数にする。

3 $A = B = C$ の形の連立方程式

　□$A = B = C$ の形の連立方程式は，次のどの組み合わせをつくって解

　　いてもよい。

$\begin{cases} A = B \\ \boxed{A = C} \end{cases} \qquad \begin{cases} \boxed{A = B} \\ B = C \end{cases} \qquad \begin{cases} A = C \\ B = C \end{cases}$

3章 1次関数

1節 1次関数
2節 1次関数の性質と調べ方

教 p.58〜64

1 1次関数

□ y が x の関数で，y が x の1次式で表されるとき，y は x の
$\boxed{1\text{次関数}}$ であるという。

□ 1次関数は，一般に次のように表される。

$y = \boxed{ax+b}$

2 重要 1次関数の変化の割合

□ (変化の割合)$=\dfrac{(\boxed{y\text{ の増加量}})}{(\boxed{x\text{ の増加量}})}$

□ 1次関数 $y=ax+b(a,\ b$ は定数)では，変化の割合は一定で，
$\boxed{a}$ に等しい。

$(\text{変化の割合})=\dfrac{(\boxed{y\text{ の増加量}})}{(\boxed{x\text{ の増加量}})}=\boxed{a}$

|例| 1次関数 $y=2x+3$ の変化の割合は，つねに $\boxed{2}$ である。

□ 1次関数 $y=ax+b$ の変化の割合 a は，x の値が1だけ増加した
ときの y の増加量が $\boxed{a}$ であることを表している。

また，$(y$ の増加量$)=\boxed{a}\times(x$ の増加量$)$ である。

|例| 1次関数 $y=2x+3$ で，

x の増加量が1のときの y の増加量は $\boxed{2}$ である。

x の増加量が3のときの y の増加量は $\boxed{6}$ である。

3 反比例の関係の変化の割合

□ y が x に反比例するとき，変化の割合は $\boxed{\text{一定ではない}}$ 。

6

1 重要 1次関数のグラフ

□ 1次関数 $y=ax+b$ のグラフは，$y=\boxed{ax}$ のグラフを y 軸の正の

方向に $\boxed{b}$ だけ平行移動させた直線である。

□ 1次関数 $y=ax+b$ のグラフは，傾きが $\boxed{a}$，切片が $\boxed{b}$ の直線

である。

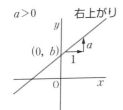

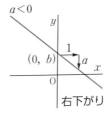

□ 1次関数 $y=ax+b$ の変化の割合 $\boxed{a}$ は，そのグラフである直線

$y=ax+b$ の $\boxed{傾き}$ になっている。

2 1次関数のグラフのかき方

□ 1次関数 $y=ax+b$ のグラフは，$\boxed{切片\ b}$ で y 軸との交点を決め，

その点を通る傾き $\boxed{a}$ の直線をひいてかくことができる。

例 $y=\dfrac{3}{2}x-1$ のグラフ

切片は $\boxed{-1}$，傾きは $\boxed{\dfrac{3}{2}}$

右へ 2 進むと，

上へ $\boxed{3}$ 進む。

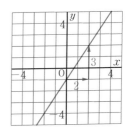

1 重要 1次関数の式を求める方法

□ 1次関数のグラフから，　傾き　と　切片　を読みとることができれ

ば，その1次関数 $y=ax+b$ を求めることができる。

□ 傾きと通る1点の座標から1次関数の式を求める

→ $y=ax+b$ に　傾き a　と　x 座標，y 座標　を代入して，

b　の値を求める。

□ 2点の座標から1次関数の式を求める

→ ❶ 2点の座標から　傾き　を求め，1点の座標を代入して切片を

求める。

→ ❷ $y=ax+b$ に2点の座標をそれぞれ代入して，a と b について

の　連立方程式　をつくり，a と b の値を求める。

2 2元1次方程式のグラフ

□ a，b，c を定数とするとき，2元1次方程式 $ax+by=c$ の

グラフは　直線　である。

とくに，$a=0$ の場合は，　x 軸

に平行な直線である。

$b=0$ の場合は，　y 軸

に平行な直線である。

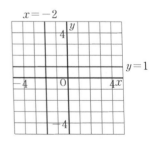

3 連立方程式とグラフ

□ 連立方程式 $\begin{cases} ax+by=c & \cdots\cdots① \\ a'x+b'y=c' & \cdots\cdots② \end{cases}$ の解は，直線①，②の

交点　の x 座標，y 座標の組である。

4章 平行と合同

1節 説明のしくみ
2節 平行線と角

教 p.96〜104

1 内角，外角

□ 1つの三角形の内角の和は 180 °である。

□ 多角形の1つの頂点における内角と外角の和は 180 °である。

2 対頂角の性質

□ 対頂角は 等しい 。

3 同位角，錯角

□ 右の図のように，2つの直線 ℓ, m に1つ
の直線 n が交わってできる角のうち，$\angle a$
と $\angle e$ のような位置にある角を 同位角
という。

また，$\angle c$ と $\angle e$ のような位置にある角を
錯角 という。

4 重要 平行線の性質

□ 2直線に1つの直線が交わるとき

❶ 2直線が平行ならば，
同位角 は等しい。

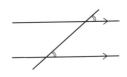

❷ 2直線が平行ならば，
錯角 は等しい。

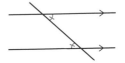

9

教 p.104〜106

1 平行線になるための条件

□ 2 直線に 1 つの直線が交わるとき

❶ 同位角 が等しければ,

その 2 直線は平行である。

❷ 錯角 が等しければ,

その 2 直線は平行である。

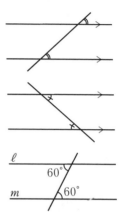

|例| 右の図で, 錯角 が等しいから

$\ell \,/\!/\, m$

2 証明

□あることがらが成り立つわけを, すでに正しいとわかっている性質を根拠にして示すことを 証明 という。

3 重要 三角形の内角, 外角の性質

□❶三角形の内角の和は 180 °である。

□❷三角形の外角は, それととなり合わない

2 つの内角の和 に等しい。

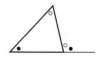

4 多角形の内角の和, 外角の和

□❶n 角形の内角の和は, $180° \times (n-2)$ である。

□❷多角形の外角の和は 360 °である。

教 p.111～121

1 合同な図形の性質

□合同な図形では，対応する 線分 や 角 は等しい。

2 重要 三角形の合同条件

□2つの三角形は，次のどれかが成り立つとき合同である。

❶ 3組の辺 がそれぞれ等しい。

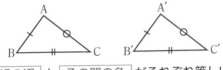

❷ 2組の辺 と その間の角 がそれぞれ等しい。

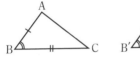 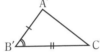

❸ 1組の辺 と その両端の角 がそれぞれ等しい。

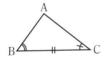 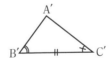

3 証明のすすめ方

□「○○○ならば，□□□である」の ○○○ の部分を 仮定 ，

□□□ の部分を 結論 という。

|例| 「$a=b$ ならば，$a+c=b+c$ である。」ということがらについて，

仮定は $a=b$ ，結論は $a+c=b+c$

□あることがらを証明するとは，仮定 から出発して，結論 を

導くことである。

教 p.126〜138

1 二等辺三角形

□（定義）2つの 辺 が等しい三角形

□二等辺三角形の 底角 は等しい。

□二等辺三角形の頂角の二等分線は，

　底辺 を垂直に2等分する。

2 正三角形

　□（定義）3つの 辺 が等しい三角形

　□正三角形の3つの 角 は等しい。

3 二等辺三角形になるための条件

　□三角形の2つの角が等しければ，その三角形は，等しい2つの角を
　　底角とする 二等辺三角形 である。

4 重要 直角三角形の合同条件

　□2つの直角三角形は，次のどちらかが成り立つとき合同である。

　　❶斜辺と 1つの鋭角 がそれぞれ等しい。

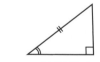

　　❷斜辺と 他の1辺 がそれぞれ等しい。

教 p.139〜147

1 平行四辺形の定義

□ 2組の対辺がそれぞれ 平行 な

四角形

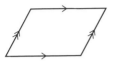

2 平行四辺形の性質

□❶平行四辺形では，2組の 対辺

はそれぞれ等しい。

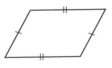

□❷平行四辺形では，2組の 対角

はそれぞれ等しい。

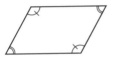

□❸平行四辺形では，対角線はそれ

ぞれの 中点 で交わる。

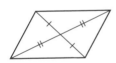

3 重要 平行四辺形になるための条件

□四角形は，次のどれかが成り立てば，平行四辺形である。

❶2組の 対辺 がそれぞれ平行である。（定義）

❷2組の 対辺 がそれぞれ等しい。

❸2組の 対角 がそれぞれ等しい。

❹対角線がそれぞれの 中点 で交わる。

❺1組の対辺が 平行 でその 長さ が等しい。

教 p.148〜154

1 長方形，ひし形，正方形の定義

□ 4 つの角がすべて等しい四角形を ┃長方形┃ という。

□ 4 つの辺がすべて等しい四角形を ┃ひし形┃ という。

□ 4 つの角がすべて等しく，4 つの辺がすべて等しい四角形を
　┃正方形┃ という。

2 重要 長方形，ひし形の対角線の性質

□❶長方形の対角線は ┃等しい┃ 。

□❷ひし形の対角線は ┃垂直に交わる┃ 。

3 直角三角形の斜辺の中点

□長方形の対角線の性質から，
　直角三角形の斜辺の ┃中点┃ は，
　この三角形の 3 つの頂点から
　等しい ┃距離┃ にある。

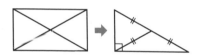

4 平行線と面積

□ 1 組の平行線があるとき，一方の直線上の 2 点から他の直線にひい
　た 2 つの垂線の長さは ┃等しい┃ 。

□底辺 BC を共有し，BC に平行な直線 ℓ 上に
　頂点をもつ △ABC と △A′BC について，
　　△ABC＝△ ┃A′BC┃

教 p.160〜169

1 重要 確率の求め方

□起こりうる場合が全部で n 通りあり，どの場合が起こることも同様に確からしいとする。

　そのうち，ことがら A の起こる場合が a 通りあるとき，A の起こる確率 p は　$p=\boxed{\dfrac{a}{n}}$

□かならず起こることがらの確率は $\boxed{1}$ である。

□決して起こらないことがらの確率は $\boxed{0}$ である。

□あることがらの起こる確率を p とすると，p のとりうる値の範囲は $\boxed{0} \leqq p \leqq \boxed{1}$ となる。

|例| 赤球 2 個，黄球 3 個が入っている箱から球を 1 個取り出すとき，

　　・赤球が出る確率は　$\boxed{\dfrac{2}{5}}$

　　・色のついた球が出る確率は　$\boxed{\dfrac{5}{5}} = \boxed{1}$

　　・白球が出る確率は　$\boxed{\dfrac{0}{5}} = \boxed{0}$

2 あることがらの起こらない確率

□一般に，ことがら A の起こる確率を p とすると

　　（A の起こらない確率）$= \boxed{1-p}$

|例| くじ引きで，あたりをひく確率を p とするとき，はずれをひく確率は　$\boxed{1-p}$

1 四分位数

□データを小さい順に並べて 4 等分したときの，3 つの区切りの値(あたい)を
　四分位数 といい，小さいほうから順に，第 1 四分位数 ，
　第 2 四分位数 ，第 3 四分位数 という。

□第 2 四分位数は，中央値 のことである。

2 重要 箱ひげ図

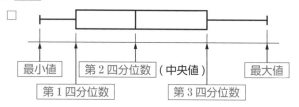

最小値　第 2 四分位数（中央値）　最大値

第 1 四分位数　　第 3 四分位数

□箱ひげ図の箱の部分には，すべてのデータのうち，真ん中に集まる
　約 半数 のデータがふくまれている。

3 四分位範囲

□（四分位範囲）＝（ 第 3 四分位数 ）－（ 第 1 四分位数 ）

四分位範囲

範囲

□データの中にはなれた値がある場合，範囲 はその影響(えいきょう)を受ける
　が，四分位範囲 はその影響を受けにくい。